Mathematik

ABSCHLUSS-
PRÜFUNGS-
TRAINER

Zum Erwerb des Sekundarabschlusses I
Niedersachsen

Erarbeitet von
Klaus Heckner, Ines Knospe und
Udo Wennekers

 Deine **Online-Angebote** findest du hier:

1. Melde dich auf scook.de an.
2. Gib den unten stehenden Zugangscode in die Box ein.
3. Hab viel Spaß mit den Online-Angeboten.

Dein Zugangscode auf
www.scook.de

Die Online-Angebote können dort
nach Bestätigung der AGB und
Lizenzbedingungen genutzt werden.

uefqj-t9k3z

Die Autoren:
Ines Knospe (Goch), Klaus Heckner (Goch), Udo Wennekers (Goch)

Unter Nutzung von Inhalten von: Kai Bartschat, Jutta Lorenz, Manuela Rohde, Marion Roscher, Hans-Ulrich Rübesamen, Stefan Schmidt, Andrea Stolpe, Christian Theuner

Projektleitung: Dr. Michael Unger, Berlin
Redaktion und Sachzeichnungen: Stefan Giertzsch, Werder (Havel)
Umschlagkonzept: ROSENDAHL BERLIN, Agentur für Markendesign
Gesamtgestaltung: Klein & Halm Grafikdesign, Berlin

Bildnachweis: S. 6: Corel Library/Cornelsen Verlag; S. 25: Red Wings Shoe Company (USA); S. 43: Tropical Island/Pressefoto; S. 50: Shutterstock/Marcos Mesa Sam Wordley; S. 51: Shutterstock/Aneese

www.cornelsen.de

1. Auflage, 3. Druck 200

© 2017 Cornelsen Verlag GmbH, Berlin

Druck: Athesiadruck GmbH

ISBN 978-3-06-000492-8

PEFC zertifiziert
Dieses Produkt stammt aus nachhaltig bewirtschafteten Wäldern und kontrollierten Quellen.
www.pefc.de
PEFC/18-31-166

Inhaltsverzeichnis

WAS ERWARTET DICH IN DER PRÜFUNG?

Liebe Schülerin, lieber Schüler,

bald ist es für dich soweit und du legst die Zentrale Abschlussprüfung im Fach Mathematik ab.
Damit du weißt, was auf dich zukommt, wollen wir dir genau erklären, was dich in der Prüfung erwartet und wie du dich optimal vorbereiten kannst.

Die Zentrale Abschlussprüfung besteht im Fach Mathematik aus **drei Prüfungsteilen**.
Im allgemeinen Teil werden Basiskompetenzen abgefragt. Das sind Fähigkeiten und Kenntnisse, die in den Jahrgangsstufen 5 bis 10 vermittelt wurden.
Im Pflichtteil und im Wahlteil werden überwiegend Kompetenzen der Doppeljahrgangsstufe 9/10 abgefragt. Dazu gehören unter anderem lineare Gleichungssysteme mit zwei Variablen, quadratische Funktionen und Gleichungen, Exponentialfunktionen, Körperberechnungen, der Satz des Pythagoras und zweistufige Zufallsversuche. Eine vollständige Auflistung der Themen findest du im Kernlehrplan Mathematik für deine Schulform. Zur Bearbeitung der Aufgaben können aber immer auch Kompetenzen notwendig sein, die du in den Jahrgangsstufen 5 bis 8 erworben hast.
In der Prüfung sollst du auch zeigen, dass du prozessbezogene Kompetenzen beherrschst. Dazu gehören beispielsweise der Umgang mit Tabellenkalkulationsprogrammen oder mit Geometriesoftware und das Entnehmen von Informationen aus Grafiken oder Texten.

Die Prüfungszeit beträgt im Fach Mathematik 150 Minuten. Hinzu kommen 15 Minuten, für das gezielte Auswählen der zwei verpflichtend zu bearbeitenden Wahlteile.
Als Hilfsmittel sind in beiden Prüfungsteilen Zirkel, Geodreieck, eine Formelsammlung und ein wissenschaftlicher Taschenrechner zugelassen. Die Formelsammlung sollte möglichst übersichtlich sein. Außerdem solltest du die Formelsammlung im Unterricht regelmäßig benutzt haben. Gleiches gilt für den Taschenrechner.

**Viel Spaß beim Training mit diesem Heft
und viel Erfolg bei der Prüfung!**

WIE ARBEITEST DU MIT DIESEM HEFT?

Diese Seite informiert dich darüber, wie du dich mit diesem Heft sinnvoll auf deine Prüfung vorbereiten kannst. Wie du auf der vorherigen Seite erfahren hast, besteht die Prüfung aus zwei Teilen: der Abfrage von Basiskompetenzen im ersten Teil und komplexeren Aufgaben mit inhaltlichem Schwerpunkt auf den Jahrgangsstufen 9/10 im zweiten Teil.
In diesem Heft lernst du durch gezielte Übungen, wie du die Aufgaben zu den Prüfungsteilen bearbeiten kannst. Darüber hinaus kannst du an konkreten Prüfungsbeispielen üben.

Zum Arbeitsheft gehört der Zugang zu einem Online-Training. Nutze dazu den Zugangscode auf Seite 1 (www.scook.de). Mit Hilfe des Online-Trainings kannst du ermitteln, was du bereits gut kannst und wo du Übungsschwerpunkte bilden solltest. Beginne mit den Themen, bei denen du die wenigsten Punkte erreicht hast.

Das Heft ist wie folgt aufgebaut:

Auf den Seiten 6 bis 47 findest du Aufgaben zu allen für die Zentrale Prüfung relevanten Inhalten.
Auf der jeweils ersten Seite der einzelnen Lerneinheiten findest du Aufgaben zu den Grundfertigkeiten. Der Test zu den Grundfertigkeiten soll zeigen, wie deine Grundkenntnisse und Fähigkeiten in diesem Teilbereich der Mathematik sind. Ähnliche Aufgaben, allerdings nicht immer im Multiple-Choice-Verfahren, werden dir bei der Zentralen Prüfung im ersten Prüfungsteil begegnen.
Die Aufgaben zum Trainieren sind komplexer. Hiermit bereitest du dich auf den zweiten Teil der Prüfung vor. Be der Zusammenstellung der Aufgaben wurden die Vorgaben, die für die Zentrale Prüfung gelten, berücksichtigt.

Auf den Seiten 48 bis 59 findest du gemischte Aufgaben und Prüfungsbeispiele. Diese Aufgaben sind ähnlich aufgebaut wie die Zentrale Abschlussprüfung. Du lernst dadurch Schritt für Schritt die gesamte Prüfungssituation und den Aufbau einer Prüfung kennen.

Im Trainingsplan zur Prüfungsvorbereitung auf den Seiten 60/61 kannst du deinen Lernerfolg dokumentieren. Die folgende Operatorenübersicht hilft dir, wenn du Formulierungen von Aufgaben nicht verstehst und deshalb nicht genau weißt, was du machen sollst.

Mit dem beiliegenden Lösungsteil kannst du deine Ergebnisse überprüfen und — wenn nötig — verbessern. Zudem findest du auf den zum Heft gehörenden Internetseiten die Originalprüfung des letzten Jahres sowie die Lösungen. Nutze auch dazu den Zugangscode auf Seite 1 (www.scook.de).

Zahlen

Im täglichen Leben benutzen wir sehr oft Zahlen. Wir geben mit Zahlen Anzahlen an, z. B. wie viele Schüler in einer Klasse sind, wie viele Tore geschossen wurden, wie der Punktestand beim Tennis ist ... Wir benutzen Zahlen um eine Reihenfolge festzulegen (Startnummer, Hausnummer, Tabellenplatz ...). Wir geben mit Zahlen die Uhrzeit, Geldbeträge aber auch den Weltrekord im Hochsprung an. Man kann mit Zahlen zählen, messen, ordnen und rechnen (hier alles ohne TR).

Test zu den Grundfertigkeiten

1 Schätze, wie viele Vögel zu sehen sind.

A	ca. 120 Vögel	B	ca. 580 Vögel
C	ca. 200 Vögel	D	ca. 700 Vögel

2 In welchen Abbildungen sind 5 Mio. markiert?

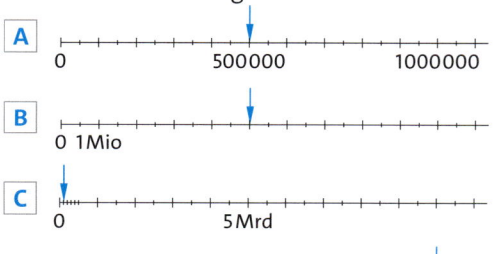

3 Wie viele dreistellige natürliche Zahlen kann man mit den Ziffern 5, 7 und 9 bilden, wenn jede nur einmal verwendet werden darf?

A	2	B	4
C	6	D	8

4 Notiere die Rundungsregeln in deinem Heft.

5 Die Zahl 199 941 auf die Tausenderstelle gerundet ergibt?

A	200 000	B	199 000
C	199 900	D	209 000

6 Notiere alle gemeinsamen Teiler von 40 und 36. _____

7 Markiere jeweils die wahren Aussagen.

a)

A	$0{,}7 = 0{,}070$	B	$0{,}005 = 0{,}0050$
C	$2{,}58 = 2{,}5080$	D	$0{,}105 = 0{,}1005$

b)

A	$\frac{4}{10} = 4{,}10$	B	$\frac{4}{10} = 0{,}4$
C	$\frac{4}{10} = 0{,}40$	D	$\frac{248}{100} = 0{,}284$

c)

A	$\frac{3}{5} < 3{,}5$	B	$\frac{660}{6000} = 0{,}11$
C	$\frac{70}{250} > 0{,}28$	D	$\frac{14}{70} = 0{,}200$

8 Wie groß ist die Hälfte von $\frac{1}{4}$?

A	$\frac{1}{2}$	B	$\frac{1}{8}$
C	$\frac{2}{4}$	D	$1{,}2$

9 Welche Aussagen sind wahr?

A	$\pi \approx 1{,}34$	B	$1{,}6 = 1\frac{3}{5}$
C	$7\frac{2}{3} \approx 7{,}67$	D	$1{,}4 = \frac{1}{4}$

10 Welche Umformungen führen zum richtigen Ergebnis?

A	$12 \cdot (-8) \cdot 12{,}5 \cdot 25 \cdot (-4) = 120\,000$
B	$17 \cdot 19 - 23 \cdot 19 = (17 + 23) \cdot 19 = 40 \cdot 19 = 760$
C	$-8 : 2 - 28 : 2 = (-8 - 28) : 2 = -36 : 2 = -18$
D	$50{,}86 \cdot \left(-\frac{1}{2}\right) - 0{,}86 \cdot \left(-\frac{1}{2}\right) = \left(-\frac{1}{2}\right) \cdot (50{,}00) = -25$

11 Bei welchem Rechenausdruck ist das Ergebnis −39?

A	$3 \cdot (-8) - 5 \cdot (-8)$	B	$3 \cdot (-8) - 3 \cdot 5$
C	$(-3) \cdot (-8) + 5 \cdot (-8)$	D	$3 \cdot (-8) + 5 \cdot (-8)$

11 Aufgaben sind richtig. Deine Grundfertigkeiten sind gut.
8 bis 10 Aufgaben sind richtig. Deine Grundfertigkeiten sind befriedigend.
Weniger als 8 Aufgaben sind richtig. Deine Grundfertigkeiten sind noch nicht ausreichend.

Aufgaben zum Trainieren

Aufgabe 1

Löse die Aufgabe ohne die Verwendung von Hilfsmitteln.

a) Setze sinnvoll fort.

- $1 - \frac{1}{2} + \frac{1}{4} - \frac{1}{8} +$ _____ _____ _____

- $0; 3; 8; 15; 24;$ _____ _____ _____

b) Ordne der Größe nach. Beginne mit dem kleinsten Wert.

- $\frac{1}{3}; \ 1\frac{1}{5}; \ \frac{3}{2}; \ 1,5; \ 0,3; \ 1,\overline{5}; \ 1,\overline{3}$

- $3^2; \ 2^3; \ 3^0; \ 3^{-1}; \ 3^{-2}; \ 2^{-3}; \ 2,3; \ 3,2$

- $3 \cdot 10^{-2}; \ 0,33; \ \sqrt[3]{27}; \ 3 \cdot 10^2; \ \sqrt{27}$

c) Ergänze je drei rationale Zahlen.

- $-\frac{1}{2} <$ ___ $<$ ___ $<$ ___ $< \frac{1}{2}$

- $-121 <$ ___ $<$ ___ $<$ ___ $< -120,9$

- $-0,001 <$ ___ $<$ ___ $<$ ___ $< 0,001$

d) Berechne entsprechend der Tabelle

a	b	$a+b$	$a-b$	$a \cdot b$	$a:b$
$0,5$	$\frac{1}{2}$				
$-\frac{1}{4}$	$\frac{1}{10}$				
$-\frac{2}{3}$	$-\frac{3}{18}$				

e) Berechne und beachte die Regeln.

- $((-2)^3 - 27) : 7 - [-21 - (-16 + 31)]$

- $-67 - [4^3 - 8 \cdot (-13) + 13]$

- $3,05 - \left[\frac{49}{60} : \left(-\frac{1}{3} - \frac{5}{6} \right) \right] : \left(-\frac{14}{25} \right) - 1,75$

f) Kai denkt sich eine Zahl. Bildet er den Kehrwert dieser Zahl und multipliziert ihn mit der Differenz der Zahlen -5 und -9, so erhält er -2. Welche Zahl hat sich Kai gemerkt?

Aufgabe 2

In Köln lebten im Dezember 2015 ca. 1 060 582 Menschen. Das Diagramm zeigt die Einwohnerzahlen der drei bevölkerungsreichsten Stadtteile Kölns.

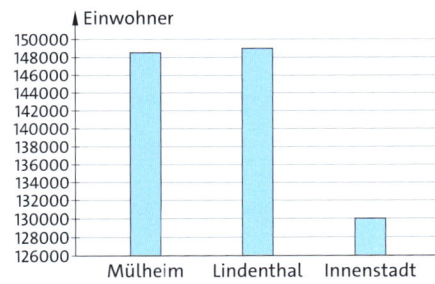

a) Gib an, wie viele Einwohner im Dezember 2015 in Mülheim und wie viele in der Innenstadt lebten.

b) Wodurch erweckt das Diagramm den Eindruck, dass in Mülheim mehr als fünfmal so viele Menschen lebten wie in der Innenstadt? Zeichne ein Diagramm, das nicht zu einer derartigen Fehlinterpretation verleitet.

c) Wie viele Einwohner von Köln lebten außerhalb dieser drei bevölkerungsreichsten Stadtteile?

Aufgabe 3

Die folgende Tabelle zeigt für vier deutsche Städte die Tageshöchsttemperaturen von vier aufeinanderfolgender Wintertagen.

	14. 2.	15. 2.	16. 2.	17. 2.	vom 17. 2. auf den 18. 2.	
Stuttgart	$-3\,°C$	$-4\,°C$	$-1\,°C$	$+2\,°C$	sinkt um ...	$-5,5\,\text{Grad}$
München	$-5\,°C$	$-4\,°C$	$2\,°C$	$1\,°C$	steigt um ...	$3,5\,\text{Grad}$
Dresden	$-9\,°C$	$-5\,°C$	$0\,°C$	$-1\,°C$	steigt um $6,5\,°C$	
Leipzig	$-8\,°C$	$-9\,°C$	$-3\,°C$	$-4\,°C$	sinkt um $5,5\,°C$	

a) Wo war es am (14. 2–17. 2.) jeweils am wärmsten und wo am kältesten?

b) An welchen der vier Tage war es in Stuttgart, München, Dresden, Leipzig jeweils am wärmsten und wann am kältesten?

c) Fülle die letzte Spalte für den 18. 2. aus.

d) Welche Stadt weist den geringsten Temperaturunterschied, welche den höchsten Temperaturunterschied auf?

e) Übertrage die Temperaturwerte für jeden Ort in ein Diagramm.

Größen

Jede Größenangabe besteht aus Zahlenwert und Einheit. Man verwendet vor allem SI-Einheiten wie z. B. Meter. SI steht für internationales Einheitensystem. Jede Länge (Erdumfang, Dicke eines Haars, …) kann damit in Verbindung mit einer Zahl angegeben werden. Zahlen werden bekanntlich auch ohne Einheiten verwendet.

Test zu den Grundfertigkeiten

1 Bei welchen Einheiten verwendet man folgende Vorsätze?　Kilo … für Tausend; Dezi … für Zehntel; Milli … für Tausendstel

A	Meter	B	Tonne
C	Stunde	D	Gramm

2 Markiere jeweils die wahren Aussagen.

a)

A	$4\,kg = 4000\,g$	B	$0,75\,m = 75\,mm$
C	$1,5\,h = 150\,min$	D	$400\,cm^2 = 4\,m^2$

b)

A	$1,4 \cdot 10^3\,g = 1,4\,kg$	B	$1,7 \cdot 10^3\,kg = 1700\,kg$
C	$6 \cdot 10^6\,mm = 6\,km$	D	$1,5 \cdot 10^{-3}\,m = 1500\,mm$

3 Runde auf Hundertstel.

A	$9,789\,kg \approx 9,79\,kg$	B	$5,475\,m \approx 5,48\,m$
C	$0,999\,m^2 \approx 1,00\,m^2$	D	$6,809\,t \approx 6,80\,t$

4 Rechne um und runde auf Einer.

A	$31899\,mm \approx 31\,m$	B	$6789\,s \approx 19\,h$
C	$8700\,h \approx 1\,Jahr$	D	$43210\,g \approx 43\,kg$

5 Setze jeweils eine passende Einheit ein.

a) Elefant Kalam wiegt 4 _____ .

b) Ein Klassenraum ist 15 _____ lang.

6 Schätze die Größe dieser Doppelseite 8/9.

A	ca. $125\,cm^2$	B	ca. $1250\,cm^2$
C	ca. $12,5\,dm^2$	D	ca. $125\,dm^2$

7 Runde auf volle Kilogramm.

A	$2\frac{1}{2}\,kg + 450\,g \approx 3\,kg$	B	$10\,kg - 3\frac{3}{4}\,kg \approx 7\,kg$
C	$1\,t - 995,75\,kg \approx 4\,kg$	D	$1600\,kg - \frac{1}{2}\,t \approx 1,1\,kg$

8 Berechne in g.

A	$10^3\,kg - 10^2\,kg = 10\,kg$	B	$\frac{5}{8}\,kg = 625\,g$
C	$\frac{6}{8}\,kg = 680\,g$	D	$\frac{5}{50}\,kg = 100\,g$

9 Gib als Bruchteil von 1 kg an.

A	$125\,g = \frac{1}{8}\,kg$	B	$375\,g = \frac{3}{8}\,kg$
C	$500\,g = \frac{4}{8}\,kg$	D	$750\,g = \frac{6}{8}\,kg$

10 Berechne die Zeitspanne in Sekunden.

A	$\frac{3}{5}\,min = 35\,s$	B	$\frac{5}{20}\,min = 24\,s$
C	$\frac{2}{3}\,min = 3\,s$	D	$\frac{15}{30}\,min = 30\,s$

11 Gib die Zeitspanne an.

A	$\frac{4}{20}\,h = 12\,min$	B	$\frac{1}{3}\,Jahr = 3\,Monate$
C	$\frac{1}{6}\,h = 6\,min$	D	$\frac{3}{5}\,min = 36\,s$

12 Gib als Bruchteil in der angegebenen Einheit an.

A	$15\,s = \frac{1}{4}\,min$	B	$50\,min = \frac{5}{6}\,h$
C	$1\,s = \frac{1}{3600}\,h$	D	$6\,min = \frac{6}{10}\,h$

13 Welches Zeichen (<; =; >) ist richtig?

A	$\frac{3}{4}\,h < 50\,min$	B	$1\frac{3}{4}\,h = 90\,min$
C	$\frac{5}{4}\,h > 1\,h$	D	$1\frac{1}{2}\,Tage < 40\,h$

14 Ein Rechteck mit $A = 240\,cm^2$ kann folgende Seitenlängen haben:

A	$a = 24\,cm; b = 10\,cm$	B	$a = 1\,dm; b = 24\,mm$
C	$a = 80\,cm; b = 30\,mm$	D	$a = 12\,cm; b = 12\,cm$

15 Gib die richtige Umwandlung an.

A	$2\,ha = 0,2\,km^2$	B	$5\,dm^3 = 0,005\,m^3$
C	$3\,a = 3000000\,cm^2$	D	$400\,l = 0,4\,m^3$

13 bis 15 Aufgaben sind richtig. Deine Grundfertigkeiten sind gut.
10 bis 12 Aufgaben sind richtig. Deine Grundfertigkeiten sind befriedigend.
Weniger als 10 Aufgaben sind richtig. Deine Grundfertigkeiten sind noch nicht ausreichend.

Aufgaben zum Trainieren

Aufgabe 1

Löse die folgenden Aufgaben. Nimm gegebenenfalls das Tafelwerk zu Hilfe.

a) Ordne nach Größenangaben mit Einheiten der Zeit, der Masse, des Geldes, der Länge, der Fläche und des Volumens. Rechne – sofern möglich – jeweils in die nächstgrößere Einheit um.

20 dm;	6 h;	780 m;
280 cm³;	4 s;	250 g;
60 000 ct;	500 kg;	100 cm;
1800 cm²;	25 ml;	25 min;
95 mg;	540 mm;	4 a;
7,85 mm³;	3,50 €	

b) Ordne. Beginne mit dem kleinsten Wert.

- $0,5\,s; \frac{3}{4}\,min; 40\,s; \frac{3}{4}\,Jahr; 8\,Monate; \frac{3}{4}\,h; 50\,Wochen$

- $3375\,ml; 4\frac{1}{4}\,l; 0,01\,hl; 3\frac{1}{2}\,l$

c) Setze passende Größenangaben aus Teilaufgabe a) ein.
- Die durchschnittliche Zeit zwischen zwei Atemzügen bei Menschen beträgt etwa ...
- Die Masse dieses Arbeitsheftes mit beigelegten Lösungen beträgt etwa ...
- Wenn du wöchentlich ca. 12 Euro sparen würdest, hättest du am Ende des Jahres etwa ...
- Viele Türen von Räumen sind etwa ... hoch.
- Für die Herstellung eines Fußballs werden mindestens ... Leder benötigt.
- Fast jeder besitzt eine große Tasse mit einem Volumen von etwa ...

Aufgabe 2

Lass dich nicht durch unterschiedliche Schreibweisen verwirren.

a) Bestimme jeweils das Ergebnis.

- $0,7\,kg + 275\,g + 3000\,mg = ...\,g$

- $0,4\,km + 36\,m - 15\,cm = ...\,m$

- Faultier: $0,146\,\frac{km}{h} \approx ...\,\frac{m}{s}$

- $65\,000\,000\,km \cdot 360 = ... \cdot 10^{10}\,km$

b) Berechne

- $1\frac{3}{4}\,h : 5 = ...\,min$

- $1\frac{1}{2}\,l : 6 = ...\,l$

- $5\frac{1}{2}\,m^2 : \frac{11}{10}\,m = ...$

- $9\frac{1}{2}\,kg : \frac{1}{2}\,kg = ...$

Aufgabe 3

Die Internationale Raumstation ISS ist eine bemannte Raumstation, die in internationaler Kooperation betrieben und ausgebaut wird. Die ISS befindet sich seit Ende des letzten Jahrtausends in Bau und ist derzeit das größte künstliche Objekt im Erdorbit. Sie kreist in ca. 330 km bis 400 km Höhe in etwa 90 min um die Erde mit einer Masse von 400 t.

a) Die Gesamtkosten betragen 110 Milliarden Dollar. Berechne die Gesamtkosten in Euro. (1 Dollar = 0,9345 €, Stand: März 2017)

b) Durch ihre große Spannweite (108,60 m) glänzt die ISS im Süden in den Abendstunden als „neuer Stern" am Himmel. Wie oft umrundet sie die Erde an einem Tag?

c) Die ISS umkreist die Erde mit rund $28\,000\,\frac{km}{h}$. Wie viel km hat sie nach 2 Umkreisungen (nach 16 Umkreisungen) zurückgelegt?

d) Mit Raumfähren werden die einzelnen Bauteile zur ISS geflogen. Ein Space Shuttle transportiert im Durchschnitt 12,5 t. Wie viele Shuttle Flüge wurden benötigt?

Aufgabe 4

Im Zirkus „Rucoli" sind die Sitze in Kreisen um die Manege angeordnet. Der erste Kreis direkt an der Manege hat 49 Sitze. Die folgenden Kreise haben jeweils 6 Plätze mehr: Der zweite Kreis besteht also aus 55 Sitzen, der dritte aus 61 usw. Insgesamt sind es 12 Sitzkreise.
Die Karten für die ersten 5 Sitzkreise kosten jeweils 6,50 € pro Person. Alle anderen kosten 5 25 € pro Person.

a) Bestimme die Anzahl aller Sitzplätze im Zirkus „Rucoli".

b) Wie viel Euro werden bei einer ausverkauften Vorstellung eingenommen?

Prozentrechnung

Prozentangaben werden häufig genutzt, um Verteilungen oder Anteile anzugeben. Kenntnisse zur Prozentrechnung sind dadurch in vielen Zusammenhängen anzuwenden. Zahlreiche dieser Aufgaben lassen sich schnell mithilfe der Grundgleichung der Prozentrechnung lösen. Sie steht im Tafelwerk.

Test zu den Grundfertigkeiten

1 Notiere die entsprechenden Brüche.

A 1 % = _____   **B** 100 % = _____

C 40 % = _____   **D** 5 % = _____

2 In welchen Abbildungen sind 25 % blau?

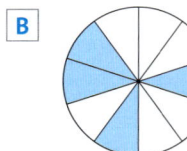

3 Notiere die Grundgleichung der Prozentrechnung.

_____

4 Auf welche Schule beziehen sich die jeweiligen Aussagen a) bis c)?

Schule	Schülerinnen und Schüler	Aussage
Hertz	800	
Einstein	600	
Fontane	700	
Adenauer	400	

a) 20 % der Schülerinnen und Schüler tragen Zeitungen aus. Das sind 120 Jugendliche.
b) 10 % kommen mit dem Bus zur Schule. Das sind 40 Schülerinnen und Schüler.
c) 350 Mädchen, das sind 50 % der Schülerschaft.

5 Wie viel Prozent sind 35 kg von 700 kg?

A 0,5 %   **B** 5 kg

C 5 %   **D** 50 %

6 75 m sind …

A 5 % von 1500 m   **B** 20 % von 375 m

C $\frac{1}{5}$ von 300 m   **D** 120 % sind 90 m

7 Ein Shirt kostet 50 €. Der Preis wird um 100 % erhöht und dann im Schlussverkauf um 100 % gesenkt. Das Shirt kostet dann?

A 50 €   **B** 0 €

C 1 €   **D** 100 €

8 Alle Preise wurden um 15 % gesenkt. Wie teuer war die Hose, die heute 46,75 € kostet?

A 39,74 €   **B** 61,75 €

C 53,76 €   **D** 55,00 €

9 Max hatte eine Münze für 5,00 € gekauft und diese für 12,00 € verkauft. Wie hoch ist sein Gewinn?

A 140 %   **B** 240 %

C 41,6 %   **D** 71,4 %

10 Die Kanten eines Würfels werden verdoppelt. Auf das Wievielfache steigt das Volumen?

A 200 %   **B** 400 %

C 600 %   **D** 800 %

11 Welche blau angegebenen Ergebnisse stimmen?

	Prozentwert	Grundwert	Prozentsatz
A	517	826	6,2
B	4,35	45,79	9,5
C	8,00	68,4	11,7
D	74	6,5	113,8

9 bis 11 Aufgaben sind richtig. Deine Grundfertigkeiten sind gut.
7 bis 8 Aufgaben sind richtig. Deine Grundfertigkeiten sind befriedigend.
Weniger als 7 Aufgaben sind richtig. Deine Grundfertigkeiten sind noch nicht ausreichend.

Aufgaben zum Trainieren

Aufgabe 1

Paula erhält als Auszubildende ein Bruttogehalt von 689,00 €. Davon werden die Sozialabgaben abgezogen.
Sie berechnet das Nettogehalt, um zu ermitteln, wie viel Euro ihr monatlich zur Verfügung stehen.

Bruttogehalt	689,00 €
Abzüge	
Pflegeversicherung (ca. 1 %)	− 6,89 €
Krankenversicherung (_____ %)	− 56,50 €
Arbeitslosenversicherung (1,4 %)	− _____ €
Rentenversicherung (ca. 10 %)	− _____ €
Nettogehalt	_____ €

a) Gib den prozentualen Anteil des Beitrags für die Krankenversicherung vom Bruttogehalt an.

b) Berechne Paulas monatliches Nettogehalt.

c) In einem Internetforum steht: „Auszubildenden werden monatlich ca. 20 % vom Bruttogehalt für Sozialabgaben abgezogen."
Bewerte diese Aussage.

d) Wer jährlich mehr als 7664,00 € netto verdient, hat Lohnsteuer zu zahlen.
Muss Paula Lohnsteuer abführen?

Aufgabe 2

a) Wie viel Milliliter Alkohol sind
   (1) in einem Glas Whisky (40 ml)
   (2) in einem Glas Bier (300 ml) enthalten.
   Vergleiche.

b) Von den rund 148,9 Mio. km² Festland der Erde entfallen auf Europa rund 9,9 Mio. km². Wie viel Prozent der Festlandfläche sind das?

c) Bronze ist eine Legierung, die im Wesentlichen aus Kupfer und Zinn besteht.
   (1) Wie viel Bronze könnte man aus 450 kg Kupfer und 110 kg Zinn herstellen, wenn die Legierung 86 % Kupfer enthalten soll?
   (2) Wie viel Bronze könnte man aus 500 kg Kupfer und 90 kg Zinn herstellen, wenn der Kupfergehalt 82 % und der Zinngehalt mindestens 16 % enthalten soll?

Aufgabe 3

Drei Reisebüros hatten zu Beginn der Saison ein und dieselbe Flugreise zum gleichen Preis im Angebot. Diese kostete zunächst 1000,00 €. Das Reisebüro „Sunfly" senkte den Preis der Flugreise zu Saisonende erst um 2 %, dann noch einmal zur Nachsaison um 8 %. Das Reisebüro „Urlaub + Reisen" verminderte den Preis erst um 4 % und dann noch einmal um 6 %. Bei „City-Reisen" wurde zweimal um 5 % reduziert.

a) Vergleiche die Preisangebote der drei Reisebüros nach der zweiten Preissenkung.

b) Diese Flugreise wurde für zwei Personen bei „Sunfly" zu unterschiedlichen Zeiten gebucht. Berechne alle möglichen Preisdifferenzen.

c) Veranschauliche die Preisentwicklung bei „Sunfly" in einem Säulendiagramm.

d) Der Preis einer Reise wird bei „Urlaub + Reisen" von 1240,00 € auf 830,00 € gesenkt. Wie viel Prozent Preisnachlass werden damit gewährt?

Aufgabe 4

Die Tabellen geben an, welche Farben die im Jahr 2015 neu zugelassenen Pkw hatten.

Farbe	Anzahl der Pkw	Farbe	Anzahl der Pkw
rot	211 151	grau	921 692
blau	335 161	schwarz	914 989
weiß	713 892	sonstiges	254 722

a) Wie viele Pkw wurden im Jahre 2015 insgesamt neu zugelassen?

b) Gib in Prozent den Anteil jeder Farbe von allen Pkw-Neuzulassungen an.

c) Stelle die Angaben in einem Kreisdiagramm dar. Nutze ein Programm zur Tabellenkalkulation oder Geodreieck und Zirkel.

Zinsrechnung

Die Zinsrechnung ist eine Anwendung der Prozentrechnung bezogen auf den Geldverkehr und unterscheidet sich nur durch die Einführung der Zeit als neuen Wert. Im Allgemeinen wird der Zinssatz für die Zeitdauer von einem Jahr angeben Zahlreiche dieser Aufgaben lassen sich schnell mithilfe der Grundgleichung der Zinsrechnung lösen. Sie steht im Tafelwerk.

Test zu den Grundfertigkeiten

1 Die Begriffe aus der Prozentrechnung (Tabellenkopf) erhalten einen neuen Namen. Wo wurden die Begriffe einander richtig zugeordnet?

	Grund-wert	Prozent-satz	Prozent-wert	
A	Zinsen	Kapital	Zinssatz	Anlagezeit
B	Zinssatz	Zinsen	Kapital	Anlagezeit
C	Kapital	Zinssatz	Zinsen	Anlagezeit
D	Kapital	Zinsen	Zinssatz	Anlagezeit

2 Berechne für eine Anlagedauer von 1 Jahr im Kopf. Welche Aussagen sind wahr?

- A   Kapital 22 500 €; Zinssatz 4 %; 900 € Zinsen
- B   Zinsen 27 €; Zinssatz 3 %; 900 € Kapital
- C   Zinssatz 12 %; Zinsen 300 €; 250 € Kapital
- D   Kapital 1500 €; Zinsen 45 €; Zinssatz 9 %

3 Berechne im Kopf. Welche Aussagen sind wahr?

- A   Zinsen auf 2000 € zu 1 % für $\frac{1}{2}$ Jahr: 20 €
- B   Zinsen für $\frac{1}{3}$ Jahr auf 3000 € bei 5 %: 30 €
- C   Zinsen für 4 Monate auf 8000 € mit 2 %: 40 €
- D   Zinsen auf 20 000 € pro Monat bei 3 %: 50 €

4 Notiere die Grundgleichung der Zinsrechnung.

5 Wie lautet die korrekte Formel zur Berechnung der Tageszinsen?

- A $Z = \frac{K \cdot p}{100} \cdot \frac{t}{365}$
- B $Z = \frac{K \cdot p}{100} \cdot \frac{360}{t}$
- C $Z = \frac{K \cdot p}{100} \cdot \frac{t}{360}$
- D $Z = \frac{K \cdot 100}{p} \cdot \frac{t}{360}$

6 Das Haus der Familie Schmidt ist mit einer Hypothek (Kredit mit dem Haus als Pfand) belastet. Sie bezahlen monatlich 637,50 € bei einem Zinssatz von 3,5 %. Wie hoch ist die Hypothek?

- A   7650 €
- B   2185,71 €
- C   18 214 €
- D   218 572 €

7 Ein Guthaben von 8800 € wird für 118 Tage zu einem Zinssatz von 3 % fest angelegt. Wie viel Zinsen fallen an?

- A   88,71 €
- B   85,34 €
- C   83,65 €
- D   86,53 €

8 Ein Guthaben von 22 000 € wird für 8 Monate zu einem Zinssatz von 2 % fest angelegt. Wie hoch ist dann das Guthaben?

- A   22 301,23 €
- B   22 290,21 €
- C   22 293,33 €
- D   22 297,88 €

9 Bei einer Verzinsung mit 5 % p. a. wächst ein Kapital in einem Jahr auf 21 000 €. Wie groß war es vorher?

- A   20 000 €
- B   19 950 €
- C   15 000 €
- D   10 500 €

10 Welche blau angegebenen Ergebnisse stimmen?

	Kapital	Zinssatz	Anlagezeit	Zinsen
A	2880,00 €	5 % p. a.	50 Tage	20,00 €
B	160,00 €	1,8 % p. a.	3 Monate	7,20 €
C	576,00 €	1,5 % p. a.	3 Jahre	25,92 €
D	495,75 €	2 % p. a.	9 Monate	7,44 €

---

8 bis 10 Aufgaben sind richtig. Deine Grundfertigkeiten sind gut.
6 bis 7 Aufgaben sind richtig. Deine Grundfertigkeiten sind befriedigend.
Weniger als 6 Aufgaben sind richtig. Deine Grundfertigkeiten sind noch nicht ausreichend.

Aufgaben zum Trainieren

Aufgabe 1

Berechne die fehlenden Werte.

Kapital	820 €	7900 €	7200 €	25 000 €			6000 €	4250 €
Zinssatz	5 %	12 %			5 %	2,2 %	8 %	12 %
Zinsen			90 €	100 €	140 €	120 €	48 €	12 €
Zeit	9 Monate	258 Tage	3 Monate	10 Tage	252 Tage	$\frac{1}{4}$ Jahr		

Aufgabe 2

Geld kann man für eine bestimmte Zeit leihen, verleihen oder aber sparen.

a) Frau Kaufrausch nimmt ein Darlehen in Höhe von 15 700 € auf. Der Jahreszinssatz beträgt 5,5 %. Wie hoch sind die Jahreszinsen für ein Kalenderjahr?

b) Herr Meier borgt sich von Herrn Jansen 4500 €. Herr Jansen verlangt nach einem Jahr 5500 € zurück. Wie hoch ist der Zinssatz bei diesem Darlehen (Kredit)?

c) Wie hoch ist der Zinssatz für das Angebot aus einer Zeitungsanzeige?

Günstiges Angebot
Für 10 000 € zahlen Sie nur 150 € Zinsen monatlich.

d) Frau Clever überzieht ihr Konto mit 6 500 €. Der Überziehungskredit der Bank wird mit einem Zinssatz von 12,5 % pro Jahr verzinst. Wie hoch sind die Zinsen, die Frau Clever zahlen muss, nach einem Zeitraum von 4 Monaten und 12 Tagen?

e) Am Ende eines Jahres erhält Leonie 1200 € von ihrer Oma auf ihr Konto, dass mit 2 % verzinst wird.
   (1) Berechne die gesamten Zinsen für ein Jahr und den Sparbetrag einschließlich Zinsen am Jahresende.
   (2) Auf welchen Betrag ist das Konto angewachsen, wenn die Oma 18 Jahre einzahlt?

Aufgabe 3

Der Familienbetrieb Janke plant die Anschaffung eines Autos im Wert von 12 000,00 €. Dieses Auto wird für drei Jahre benötigt. Es stehen für diesen Zeitraum drei Finanzierungsmodelle zur Wahl.
Angebot A: Kreditkauf mit einer Anzahlung von 30 % des Kaufpreises, 36 Raten zu je 270,00 € und ein nach 3 Jahren vereinbarter Wiederverkauf für 5500,00 €
Angebot B: Barkauf mit 2 % Skonto und ein nach 3 Jahren angestrebter Wiederverkauf für 5500,00 €
Angebot C: Leasing für 3 Jahre mit Zahlung von 40 % des Kaufpreises und 36 Zahlungen zu je 110,00 €

a) Wie viel Euro würde das Auto den Familienbetrieb insgesamt jeweils am Ende der drei Jahre gekostet haben? Berücksichtige sowohl den Kaufpreis als auch den angestrebten Wiederverkaufspreis.

b) Familie Janke möchte aufgrund finanzieller Engpässe im ersten Jahr möglichst wenig Geld für das Auto ausgeben. Welches Angebot ist dann empfehlenswert?

Aufgabe 4

Jochen und Frau Müller haben jeweils ein Guthaben. Beide legen das Geld für ein paar Jahre an.

Jochen will sich in Aktien probieren. Er will 5000 € für 3 Jahre an der Börse anlegen. Er hofft auf eine Rendite von 8 % pro Jahr.

a) Wie viel hat er nach 3 Jahren, wenn seine Vermutung zutrifft?

b) Wie viel Geld hat er, wenn er statt Gewinn jährlich 8 % Verlust macht?

Frau Müller hat im Lotto gewonnen. Sie möchte sich ein Auto kaufen. Für den Autokauf sollen in 5 Jahren 30 000 € zur Verfügung stehen.

c) Welchen Betrag müsste man dafür jetzt zu 3 % anlegen?

d) Vergleiche deine Rechnung mit einem Tabellenkalkulationsprogramm.

Potenzen und Wurzeln

Potenzen spielen in den Wissenschaften eine wichtige Rolle. Um sehr große bzw. kleine Zahlen darzustellen, trennt man oft Zehnerpotenzen ab. Die mittlere Entfernung von der Erde zur Sonne beträgt z. B. rund $1,496 \cdot 10^8$ km. Ein Produkt aus gleichen Faktoren wie $10 \cdot 10 \cdot 10 \cdot 10 \cdot 10 \cdot 10 \cdot 10 \cdot 10$ kann man als Potenz schreiben: 10^8.

Test zu den Grundfertigkeiten

1 Welche Umformungen sind richtig?
Notiere die Potenzgesetze, die anzuwenden sind.
Nutze notfalls das Tafelwerk.

A $\quad 10^3 \cdot 10^5 = 10^{15}$ B $\quad 10^3 : 10^4 = 10^{-1}$

C $\quad 5^8 \cdot 2^8 = 10^8$ D $\quad 10^5 : 10^5 = 10^1$

2 Bestimme mithilfe des Taschenrechners die wissenschaftliche Schreibweise (normierte Schreibweise) von $3\,041\,000\,000$.

A $\quad 30,41 \cdot 10^8$ B $\quad 3,041 \cdot 10^9$

C $\quad 3041 \cdot 10^6$ D $\quad 3,041 \cdot 10^{-9}$

3 Die Masse eines Wasserstoffatoms beträgt rund $1,66 \cdot 10^{-24}$ g.
Wie viele Atome sind etwa in 1g Wasserstoff?

A $\quad 8,34 \cdot 10^{-24}$ B $\quad 8,34 \cdot 10^{23}$

C $\quad 1,66 \cdot 10^{-24}$ D $\quad 6,0241 \cdot 10^{23}$

4 Welche Funktionsgleichung ist eine Potenzfunktion?

A $\quad y = x^2$ B $\quad y = x$

C $\quad y = x^{\frac{1}{2}}$ D $\quad y = x^3$

5 Welche Umformungen sind richtig?
Rechne ohne Taschenrechner nach.

A $\quad \dfrac{\sqrt{27}}{\sqrt{3}} = 9$ B $\quad \dfrac{\sqrt{27}}{\sqrt{3}} = \sqrt{\dfrac{27}{3}}$

C $\quad \sqrt{7} \cdot \sqrt{3} \cdot \sqrt{21} = 21$ D $\quad \sqrt{7} \cdot \sqrt{3} \cdot \sqrt{21} = \sqrt{21^2}$

6 Berechne im Kopf?

A $\quad 16^{\frac{1}{4}}$ B $\quad 8^{\frac{2}{3}}$

C $\quad 10^{\frac{3}{2}}$ D $\quad 36^{-\frac{1}{2}}$

7 Welche Umformungen sind richtig?

A $\quad (4^5)^3 = 4^8$ B $\quad 2 \cdot 4^3 + 5 \cdot 4^3 = 7 \cdot 4^3$

C $\quad \left(\dfrac{2}{3}\right)^4 = \dfrac{16}{18}$ D $\quad \left(\left(\dfrac{2}{5}\right)^4\right)^{-4} = \dfrac{2}{5}$

8 Welche der Terme sind gleichwertig zu 4^8?

A $\quad 4 \cdot 4 \cdot 4 \cdot 4 \cdot 4 \cdot 4^3$ B $\quad 4^2 \cdot 4^2 \cdot 4^2$

C $\quad 2^2 \cdot 2^6$ D $\quad 4^2 \cdot 4^6$

9 Welche der Terme sind gleichwertig zu 3^7?

A $\quad 3^2 : 3^4$ B $\quad 3^{10} : 3^3$

C $\quad 3^5 : 3^{-2}$ D $\quad 3^{10} : 3^1 : 3^2$

10 Notiere die gesuchten Exponenten. Die Summe aller gesuchten Exponenten ist 2.

A $\quad 2^x = 16 \quad x = \underline{\hspace{1cm}}$ B $\quad \left(\dfrac{1}{4}\right)^x = \dfrac{1}{64} \quad x = \underline{\hspace{1cm}}$

C $\quad 6^x = \dfrac{1}{216} \quad x = \underline{\hspace{1cm}}$ D $\quad 10^x = \dfrac{1}{100} \quad x = \underline{\hspace{1cm}}$

11 Welche Umformungen sind richtig?

A $\quad 2^{-3} = \dfrac{1}{8}$ B $\quad 0,1^{-2} = 10$

C $\quad 1^{-2} = -2$ D $\quad 10^{-3} = \dfrac{1}{1000}$

12 Ordne nach der Größe.
Nutze dabei keine Hilfsmittel.
$2^{-3}; \quad 2^3; \quad 3^2; \quad 3^{-2}$

A $\quad 2^{-3} < 2^3 < 3^2 < 3^{-2}$ B $\quad 2^{-3} < 3^{-2} < 3^2 < 2^3$

C $\quad 3^{-2} < 2^{-3} < 2^3 < 3^2$ D $\quad 3^{-2} < 2^{-3} < 3^2 < 2^3$

13 Welche Größenrelation ist richtig angegeben.

A $\quad 2^3 < \sqrt{49}$ B $\quad \sqrt[3]{27} = 3 \cdot 2580^0$

C $\quad 9^{\frac{1}{2}} = 3$ D $\quad t^1 > \sqrt{1}$

14 Welche Terme sind gleichwertig zu 1?

A $\quad 2^1$ B $\quad \dfrac{2^5}{2^5}$

C $\quad 2^0$ D $\quad 2^{5-5}$

12 bis 14 Aufgaben sind richtig. Deine Grundfertigkeiten sind gut.
9 bis 11 Aufgaben sind richtig. Deine Grundfertigkeiten sind befriedigend.
Weniger als 9 Aufgaben sind richtig. Deine Grundfertigkeiten sind noch nicht ausreichend.

Aufgaben zum Trainieren

Aufgabe 1

Vereinfache ohne Verwendung von Hilfsmitteln so weit wie möglich.

a) $\frac{36x^3}{21z^7} \cdot \frac{35z^2}{18x^6}$ **b)** $\frac{x^{-4}}{(2y)^{-3}}$ **c)** $\sqrt[3]{\sqrt{10^6}} + \sqrt{\frac{49}{64}} - \sqrt{\frac{121}{10^4}}$ **d)** $\sqrt{0{,}25 - 0{,}16} + \sqrt[3]{27}$ **e)** $\frac{(a^2 \cdot b)^3}{(5a^3 \cdot b)^2}$ **f)** $\left(\frac{5y^2}{2x^2}\right)^4 \cdot \left(\frac{6x}{10y}\right)^4$

Aufgabe 2

Löse die folgenden Sachaufgaben.

a) Faltet man ein Blatt Papier 3-mal jeweils auf die Hälfte zusammen, so ist das zusammengefaltete Papier etwa 1 mm dick. Wie dick wäre das zusammengefaltete Papier, wenn man das Blatt Papier derartig 15-mal gefaltet hätte?

b) Ein Würfel hat das dreifache Volumen eines Quaders mit den Kantenlängen 2 m, 3 m und 4 m. Ermittle die Oberflächeninhalte der Körper.

c) Welcher Prozentsatz ist am Kopierer bei einer Vergrößerung von 1 cm² auf 3 cm² einzustellen?

Aufgabe 3

Es wurden Graphen von Potenzfunktionen dargestellt, deren Exponenten ganze Zahlen sind.

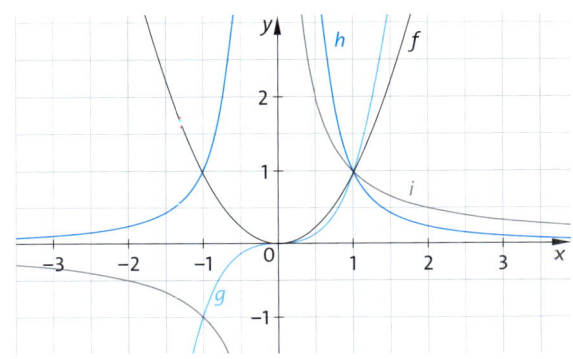

a) Notiere die zu den vier Graphen gehörenden Funktionsgleichungen.

b) Skizziere im gegebenen Koordinatensystem die Graphen der Funktionen $k(x) = y = x^4$ und $l(x) = y = -x^5$.

c) Schreibe die Funktionsgleichungen der Umkehrfunktionen zu den Funktionen $k(x) = y = x^4$ und $l(x) = y = -x^5$ auf.

Aufgabe 4

Der Vater von Antje hat direkt nach ihrer Geburt für sie ein Sparbuch eingerichtet und 2000,00 € eingezahlt. Das Guthaben wird mit 3,5 % p. a. verzinst. Antjes Mutter überlegt, wie viel Geld zum 14., 16. und 18. Geburtstag ihrer Tochter auf dem Sparbuch ist, wenn nichts zusätzlich eingezahlt und nichts abgehoben wird.

a) Schwester Anna stellte für die Berechnung des Guthabens nach beliebig vielen Jahren folgende Gleichung auf: $K(t) = 2000{,}00\,€ \cdot \left(1 + \frac{3{,}5}{100}\right)^t$. Gib die Bedeutung der Variablen an.

b) Bestimme mithilfe von Annas Gleichung das Kapital zum 14., 16. und 18. Geburtstag von Antje.

c) Wie viel Euro hätte Antje zum 18. Geburtstag mehr, wenn ihr Vater bei einer anderen Bank ein Sparbuch mit 3,9 % p. a. eröffnet hätte?

d) Erstelle mithilfe einer Tabellenkalkulation eine Tabelle, aus der das Kapital am Ende jeden Jahres bis zu Antjes 18. Geburtstag ablesbar ist.

Aufgabe 5

Ein Mischbrot kostete 2007 rund 1,94 €. Der jährliche Preisanstieg liegt seitdem bei ca. 5 %.

a) Stelle für diesen Sachverhalt eine Funktionsgleichung auf. Gehe davon aus, dass der Preisanstieg stets gleich bleibt.

b) Wofür stehen in der Funktionsgleichung die Variablen x und y?

c) Wie teuer wäre das Mischbrot im Jahr 2019?

d) Wie viel Euro müsste man im Jahr 2025 für ein Mischbrot zahlen, wenn in jedem Jahr der Preis um 5 % stiege?

e) In welchem Jahr kostete das Brot rund 2,32 €?

f) Wie hoch wäre der jährliche Preisanstieg, wenn das Brot 2019 nur 2,04 € gekostet hätte?

Terme

Zahlreiche Sachverhalte lassen sich mithilfe von Termen ausdrücken. Beim Lösen von fast jeder Mathematikaufgabe wird bewusst oder unbewusst mit ihnen gearbeitet. Wiederhole deshalb genau die Regeln für Termumformungen.

Test zu den Grundfertigkeiten

1 Berechne den Wert des Terms. Runde auf Hundertstel. $\frac{4,8}{6 \cdot 2,2} - 1,2$

A 0,56

B −0,84

C 0,83

D −0,83

2 Welchen Wert nimmt der Term $\frac{(a+b) \cdot \sqrt{c}}{a \cdot (b+c)}$ für $a = 3,75$; $b = -5$ und $c = 4,89$ an?

A 19,51

B 0,08

C 6,70

D 8,58

3 Welche Ausdrücke sind zur Bestimmung des Umfanges u dieser Heftseite geeignet?

A $u = a + a + b + b$

B $u = 2 \cdot (a + b)$

C $u = 21 \cdot 29,7$

D $u = 2 \cdot 21 + 2 \cdot 29,7$

4 „Bilde die Differenz der Quadrate der Zahlen a und b." Welcher Term passt dazu?

A $(a - b)^2$

B $(a - b)(a + b)$

C $a^2 - b^2$

D $a^2 : b^2$

5 Welche Vereinfachungen sind richtig?

A $\frac{8}{9}a + \frac{4}{9} - \frac{8}{9}$

$= a + \frac{4}{9}$

B $\frac{6b - 81}{3}$

$= 2b - 27$

C $6b^2 + 18b$

$= 6b(b + 3)$

D $-9 \cdot (3 - x)$

$= -27 + 9x$

6 Notiere die drei binomischen Formeln. Nutze gegebenenfalls die Formelsammlung.

(1) _____

(2) _____

(3) _____

7 Welche Umformungen sind richtig?

A $(x - 2)^2$

$= x^2 - 2x + 4$

B $3(a + 5)^2$

$= 3a^2 + 30a + 75$

C $(4 - b)(4 + b)$

$= 16 - b^2$

D $(2x + 1)^2$

$= 4x^2 + 4x + 4$

8 Bestimme X so, dass die Gleichung $X \cdot (2a - 5b) = a^2 - 2,5ab$ richtig ist.

A $X = \frac{1}{4}a$

B $X = \frac{1}{2}a$

C $X = -2b$

D $X = 0,5a$

9 Stelle die Gleichung $u = 2(a + b)$ nach b um.

A $b = \frac{u - 2a}{2}$

B $b = \frac{u}{2a}$

C $b = u - 2a : 2$

D $b = u : 2 - a$

10 „Vom Doppelten meiner gedachten Zahl subtrahiere ich 5 und quadriere diese Differenz." Markiere die passenden Terme.

A $2x^2 - 5$

B $(2x - 5)^2$

C $2(x - 5)^2$

D $(x \cdot 2 - 5)^2$

11 Welche Seitenlängen können Rechtecke haben, die sich aus einem 96 cm langen Draht biegen lassen?

A 4,8 dm und 4,8 dm

B 40 cm und 8 cm

C 25,5 cm und 22,5 cm

D 10 mm und 95 cm

12 Ermittle alle Terme, die für die Berechnung der Summe der Kantenlängen geeignet sind.

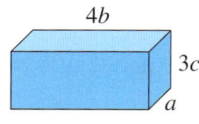

A $4(a + 4b + 3c)$

B $4a + 16b + 12c$

C $12(a + b + c)$

D $2(a + 4b + 3c)$

---

9 bis 12 Aufgaben sind richtig. Deine Grundfertigkeiten sind gut.

7 bis 8 Aufgaben sind richtig. Deine Grundfertigkeiten sind befriedigend.

Weniger als 7 Aufgaben sind richtig. Deine Grundfertigkeiten sind noch nicht ausreichend.

Aufgaben zum Trainieren

Aufgabe 1

Umformen von Termen

a) Löse alle Klammern auf und fasse so weit wie möglich zusammen.
(1) $\frac{1}{3}(21 - 18a)$ (2) $y + (6x - y) + xy$
(3) $3 - (4x + 2) - x$ (4) $(2 - 3e) - (2 + 3e)$
(5) $5(a + 2b) - 3(a + 2b) + 1(a + 2b)$
(6) $\frac{1}{2}x - x(2 + x) + (3 - x^2)$

b) Löse die Klammern auf und fasse zusammen. Wende die binomischen Formeln an.
(1) $(x + 3)^2$ (2) $2 \cdot (5 + 2b)^2$
(3) $3 \cdot (2a - 7)^2$ (4) $\left(x - \frac{1}{2}\right)^2$
(5) $(y - 4)(y + 4)$ (6) $0,5 \cdot (a + 4)(a - 4)$

c) Klammere den größtmöglichen Faktor aus.
(1) $12x - 8xy + 14z$ (2) $18ab + 12c^2 - 30ac$
(3) $\frac{2}{3}ef - \frac{2}{3}f^2 + \frac{2}{3}f$ (4) $12xy - 8xz - 4x^2$
(5) $3u - 12u^2 + 6uv$ (6) $24x^2yz - 2 \cdot (xyz - 1)$

d) Schreibe als Produkt, wende die binomischen Formeln an.
(1) $4 - a^2$ (2) $x^2 - 225$
(3) $x^2 - 8x + 16$ (4) $a^2 + a + \frac{1}{4}$
(5) $9x^2 + 42x + 49$ (6) $4x^2 - 25y^2$

Aufgabe 2

Die freiwillige Feuerwehr von Flausen möchte an der grauen Giebelwand ihres Spritzenhauses ein 2 m hohes rotes F anbringen. Damit es auch nachts sichtbar ist, soll am Buchstabenrand ein Lichtschlauch befestigt werden.

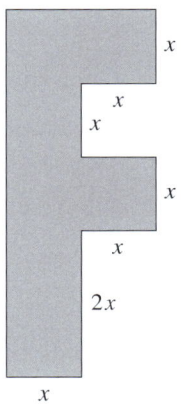

a) Zeichne den Buchstaben F für $x = 1,5$ cm. Bestimme den Umfang u und den Flächeninhalt A der gezeichneten Figur. (Hinweis: Zerlegung in Teilflächen)

b) Zeige mithilfe einer Zeichnung, dass für den Flächeninhalt A gilt: $A = 7x^2$.

c) Gib eine Formel zur Berechnung des Umfangs u der Figur an.

d) Für wie viele Quadratmeter benötigt die Feuerwehr rote Farbe? Wie lang sollte ihr Lichtschlauch mindestens sein?

Aufgabe 3

Drei Bausteine, die quaderförmig sind, wurden in unterschiedlichen Maßstäben gezeichnet.

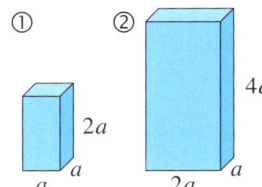
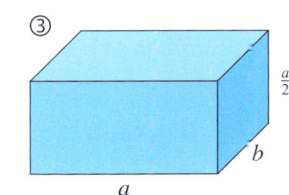

a) Gib die Summe der Kantenlängen, den Oberflächeninhalt und das Volumen mit je einem Term an. Vereinfache ihn soweit wie möglich.

b) Kann aus derartigen Bausteinen ein Würfel mit einer Kantenlänge von $4a$ gelegt werden? Begründe deine Meinung.

Lineare Gleichungen

Viele Zusammenhänge des täglichen Lebens lassen sich durch lineare Gleichungen darstellen, zum Beispiel das Verhältnis von Stückzahl und Preis oder von Zeit und Wegstrecke. Das Lösen von linearen Gleichungen hat daher eine praktische Bedeutung die nicht unterschätzt werden darf.

Test zu den Grundfertigkeiten

1 Welche der Ausdrücke sind lineare Gleichungen?

A $2x - 5 = 3$ **B** $4(x - 3)$

C $5 - x = x + 3$ **D** $x \cdot (x + 1) = 2$

2 Wie viele Lösungen kann eine lineare Gleichung haben?

A keine **B** eine

C zwei **D** unendlich viele

3 Welches ist die Lösung der linearen Gleichung $2x - 1 = 0$?

A $0,5$ **B** $0,5x$

C $\frac{1}{2}$ **D** $-\frac{1}{2}$

4 Welche Umformung führt zur Lösung der Gleichung $2,5x = 10$?

A $- 2,5$ **B** $-2,5x$

C $: 2,5$ **D** $: 10$

5 Welche Umformung führt zur Lösung der Gleichung $-24 + x = -13$?

A $- x$ **B** $+ 24$

C $+ 13$ **D** $: (-24)$

6 Jede lineare Gleichung ...

A ... enthält eine Variable. **B** ... hat eine Lösung.

C ... enthält ein $=$. **D** ... hat keine Lösung.

7 Bestimme a so, dass $x = 1$ eine Lösung der Gleichung $a \cdot x + 5 = 15$ ist.

A $a = 5$ **B** $a = 10$

C $a = 15$ **D** $a = -10$

8 Welche Umformungen führen zur Lösung der Gleichung $8x - 36 = 52$?

A $: 8$, dann $+ 36$ **B** $+ 36$, dann $: 8$

C $- 36$, dann $: 8$ **D** $: 8$, dann $+ 4,5$

9 Welche Umformungen sind bei der Lösung einer linearen Gleichung erlaubt? Beide Seiten der Gleichung ...

A ... mit einer beliebigen Zahl multiplizieren.

B ... mit einer Zahl ungleich Null multiplizieren.

C ... mit einer beliebigen Zahl addieren.

D ... mit Null multiplizieren.

10 Welche Gleichung passt: Ein Rechteck soll so aus einem 100 cm langen Draht gebogen werden, dass eine Seite 20 cm lang ist. Wie lang ist die andere Seite?

A $2 \cdot (20 + x) = 100$ **B** $x + 20 = 100$

C $100 - 20 = x$ **D** $2x + 40 = 100$

11 Ein Vater ist doppelt so alt wie sein Sohn, zusammen sind sie 63 Jahre. Welche Gleichung passt?

A $2x + x = 63$ **B** $x + 63 = 2x$

C $x + 0,5x = 63$ **D** $2 \cdot (x + x) = 63$

9 bis 11 Aufgaben sind richtig. Deine Grundfertigkeiten sind gut.
7 bis 8 Aufgaben sind richtig. Deine Grundfertigkeiten sind befriedigend.
Weniger als 7 Aufgaben sind richtig. Deine Grundfertigkeiten sind noch nicht ausreichend.

Aufgaben zum Trainieren

Aufgabe 1

Löse die lineare Gleichung.

a) (1) $3x + 2 = 17$ (2) $-2 + 9x = 3$ (3) $-4x + 8 = 26$ (4) $2 - 4x = 24$
　　(5) $\frac{x}{3} + 4 = 5$ (6) $\frac{x}{-4} + 6 = 2$ (7) $\frac{x}{2} - 5 = -5$ (8) $\frac{2x}{3} - 4 = -6$

b) (1) $4x + 2 = 9x + 9$ (2) $2 + 8x = -3x - 107$ (3) $27 - 9(x + 1) = x + 41$ (4) $-(1 - 2x) - x = x + 7$
　　(5) $\frac{2}{3}x - 4 = 5 + \frac{5}{6}x$ (6) $2x - \frac{1}{2} - (x - 1) = 0$ (7) $-\frac{3}{4}\left(x + \frac{1}{6}\right) = \frac{1}{6}x - \frac{3}{4}$ (8) $\frac{7}{8}x + 1,5 = 1,5 - 1\frac{1}{4}x$

Aufgabe 2

Lege zu jeder Aufgabe die Variable x fest, stelle eine Gleichung auf und löse sie.

a) Pascal und seine Mutter sind heute zusammen 65 Jahre alt. Die Mutter war vor zehn Jahren genau viermal so alt wie ihr Sohn. Wie alt sind die beiden heute?

b) Tobias startet um 7:30 Uhr. Er fährt mit einer Geschwindigkeit von $20\,\frac{km}{h}$ zur Schule. Um 7:50 Uhr bemerkt seine Mutter, dass Tobias seine Sportsachen vergessen hat. Sie fährt mit dem Auto mit $60\,\frac{km}{h}$ hinterher.
Wie spät ist es, als die Mutter Tobias einholt?
Wie viele Kilometer ist Tobias bereits gefahren?

c) Ein Rechteck ist doppelt so lang wie breit. Der Umfang des Rechtecks beträgt 204 cm. Gib die Größen der Innenwinkel und die Längen der Seiten an.

d) Ein Fußball hat einen Durchmesser von 22 cm. Für die Anfertigung müssen 25 % mehr Material für Nähte und Verschnitt bereitgestellt werden, als der Oberflächeninhalt beträgt. Wie viel Quadratmeter Leder werden benötigt?

Aufgabe 3

Berechne die fehlende Größe. Stelle dazu jeweils eine lineare Gleichung auf und löse sie.

Trapez: $A = \frac{a + c}{2} \cdot h$

	A	a	c	h
a)	90	3	9	x
b)	66	x	4	12

Quadratische Pyramide: $A_O = a^2 + 2 \cdot a \cdot h_a$

	A_O	a	h_a
c)	95	5	x
d)	532	x	12

Aufgabe 4

Mit Formeln wie in Aufgabe 3 können Eigenschaften von Figuren berechnet werden. Oftmals müssen sie nach einer bestimmten Größe umgestellt werden.

a) Gegeben ist die Formel $u = 2(a + b)$.
Gib an, was mit ihr berechnet wird und stelle Sie nach a um.

b) Gegeben ist die Formel $A = \frac{1}{2}g \cdot h$.
Gib an, was mit ihr berechnet wird und stelle sie nach h um.

c) Gegeben ist die Formel $A = \frac{a + c}{2} \cdot h$.
Gib an, was mit ihr berechnet wird und stelle sie erst nach h und dann nach c um.

d) Gegeben ist die Formel $A_O = \pi r \cdot (r + s)$.
Gib an, was mit ihr berechnet wird und stelle sie erst nach s und dann nach r um.

e) Gegeben ist die Formel $V = \frac{1}{3}\pi \cdot r^2 \cdot h$.
Gib an, was mit ihr berechnet wird und stelle sie erst nach h und dann nach r um.

f) Gegeben ist die Formel $A_\alpha = \pi r^2 \cdot \frac{\alpha}{360°}$.
Gib an, was mit ihr berechnet wird und stelle sie erst nach α und dann nach r um.

Lineare Gleichungssysteme

Bei vielen Sachzusammenhängen genügt eine Variable nicht. Wenn von einem Rechteck der Umfang $u = 20\,cm$ bekannt ist, so erhält man eine Gleichung $20 = 2a + 2b$ mit zwei Variablen a und b. Diese reicht zur eindeutigen Bestimmung der Seitenlängen nicht aus, man benötigt eine zweite Gleichung, die etwa durch den Flächeninhalt gegeben sein kann.

Test zu den Grundfertigkeiten

1 Gib die Lösungsmenge des linearen Gleichungssystems
I $\quad x + y = 5$
II $\quad 2x - y = 7$ an.

A $\quad L = \{(4)\}$ **B** $\quad L = \{(4|1)\}$

C $\quad L = \{(1)\}$ **D** $\quad L = \{(1|4)\}$

2 Ordne jedem Gleichungssystem

A I $y = 3x$
II $2x + y = 5$

B I $2x + y = 4$
II $x + y = 1$

C I $2x - y = 4$
II $-x + y = 1$

D I $2x = y - 5$
II $2y + 3 = 2x$

das günstigste Lösungsverfahren zu
(Bsp. A) → b)).
a) Additionsverfahren
b) Subtraktionsverfahren
c) Gleichsetzungsverfahren
d) Einsetzungsverfahren

3 Welches lineare Gleichungssystem wurde grafisch gelöst? Gib die Lösungsmenge an.

A I $y = x + 2$
II $y = 4,5x - 1,5$

B I $y = 2x + 1$
II $y = -1,5x + 4,5$

C I $y = 1 + 2x$
II $y = 1,5x + 4,5$

D I $y = 0,5x + 1$
II $y = -\frac{2}{3}x + 4,5$

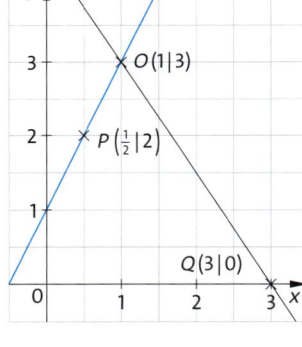

$L = \{(\_\_|\_\_)\}$

4 Wie viele Lösungen kann ein lineares Gleichungssystem haben?

A keine   **B** genau eine

C unendlich viele   **D** genau zwei

5 Peter ist doppelt so alt wie Klaus. Zusammen sind sie 27 Jahre alt.
Gleichungssystem: I $\quad 2x = y$
                  II $\quad x + y = 27$
Welcher Term gibt Peters Alter an?

A $\quad x$ **B** $\quad y$

C $\quad 2x$ **D** „kein Term"

6 Gegeben ist das folgende Gleichungssystem.
I $\quad 2a + 3b = 7$
II $\quad 4a - 9b = -1$
Mit welcher Zahl sollte eine der Gleichungen multipliziert werden, um das Additionsverfahren anwenden zu können?

A $\quad 2$ **B** $\quad -3$

C $\quad 3$ **D** $\quad -2$

7 Bestimme die Lösungsmenge des Gleichungssystems aus Aufgabe 6.

8 Anne kauft vier Roggenbrötchen und drei Vierkornbrötchen für 2,50 €. Sven kauft fünf Roggenbrötchen und sieben Vierkornbrötchen. Er zahlt 4,10 €. Markiere entsprechende Gleichungssysteme.

A I $3v + r = 2,50$
II $7v + 5r = 4,10$

B I $4x + 3y = 2,50$
II $5x + 7y = 4,10$

C I $4r + 3v = 2,50$
II $5r + 7v = 4,10$

D I $5x + 7y = 4,10$
II $x + 3y = 2,50$

7 bis 8 Aufgaben sind richtig. Deine Grundfertigkeiten sind gut.
4 bis 6 Aufgaben sind richtig. Deine Grundfertigkeiten sind befriedigend.
Weniger als 4 Aufgaben sind richtig. Deine Grundfertigkeiten sind noch nicht ausreichend.

Aufgaben zum Trainieren

Aufgabe 1

a) Zeichne die Geraden $g(x) = -2x + 3$ und $h(x) = 0{,}5x - 2$ in das nebenstehende Koordinatensystem und ermittle ihren Schnittpunkt.

b) Gib ein lineares Gleichungssystem (LGS) an, das diese Situation beschreibt und gib die Lösungsmenge an.

c) Zeichne eine Gerade $k(x)$ so, dass die Graphen von k und h keinen Schnittpunkt haben. Gib die Gleichung von $k(x)$ an.

d) Löse die Gleichung $x + 2y = 8$ nach y auf und zeichne die Gerade ein. Bestimme die Lösungsmenge des LGS $\quad$ I $\quad y = 0{,}5x - 2$
$\qquad\qquad\qquad\qquad$ II $\quad x + 2y = 8$.

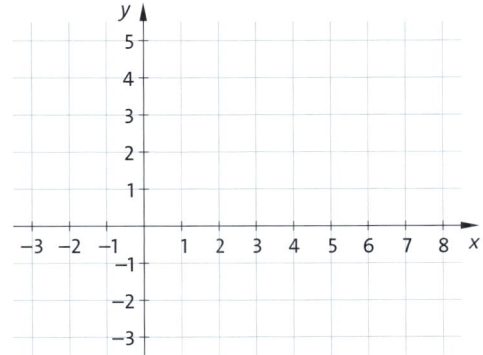

Aufgabe 2

Ermittle die Lösungsmengen der folgenden Gleichungssysteme mit einem Verfahren deiner Wahl. Überlege, welches Verfahren jeweils geeignet ist, um schnell und sicher zur Lösung zu gelangen.

a) $\quad$ I $\quad 2y = 4x + 4$
$\qquad$ II $\quad y = 10x - 22$

b) $\quad$ I $\quad 2u - 3v = -8$
$\qquad$ II $\quad 6v - u = 16$

c) $\quad$ I $\quad x + 2y = 1$
$\qquad$ II $\quad -x + 2y = 1$

d) $\quad$ I $\quad 3x - 2z = -3$
$\qquad$ II $\quad -3x + z = 6$

Aufgabe 3

Löse die folgenden Text- und Sachaufgaben jeweils mithilfe eines Gleichungssystems.

a) Die Quersumme einer zweistelligen Zahl ist 12, die Differenz der Ziffern ist 2.
Welche Zahl könnte es sein?

b) Von zwei Zahlen ist bekannt: Addiert man zum Dreifachen der ersten Zahl das Doppelte der zweiten Zahl, so erhält man 26. Subtrahiert man das Dreifache der zweiten Zahl vom Fünffachen der ersten Zahl, dann erhält man 56.
Wie heißen diese beiden Zahlen?

c) Von einem Rechteck ist bekannt, dass der Umfang 20 cm beträgt. Die Differenz der Seitenlängen ist 44 mm.
Wie lang sind die Seiten?

d) Sophie macht Ferien auf dem Bauernhof. Sie darf die Hühner und Kaninchen füttern. Es sind 37 Tiere mit insgesamt 106 Beinen.
Wie viele Hühner und wie viele Kaninchen leben auf dem Bauernhof?

e) Aus einem Draht mit einer Länge von 1,40 m wird das Kantenmodell eines Quaders mit zwei quadratischen Begrenzungsflächen hergestellt. Die Differenz der kurzen Kanten an den quadratischen Flächen und der längeren Kanten beträgt 5 cm.
Ermittle die Kantenlängen des Körpers.

f) Strommengen können in Kilowattstunden (kWh) gemessen werden. Der Preis für die Stromversorgung eines Haushaltes setzt sich zusammen aus der Grundgebühr und dem Arbeitspreis (kWh – Preis) für den verbrauchten Strom. Frau Meyer hat im Juni 426 kWh verbraucht und musste dafür 126,78 € bezahlen. Im Juli waren es 134,14 € für 458 kWh.
Berechne den Arbeitspreis und die Grundgebühr.

Aufgabe 4

Vereinfache zunächst die Gleichungen und bringe sie auf die Form $ax + by = c$. Löse dann mit dem Additions- bzw. Subtraktionsverfahren.

a) $\quad$ I $\quad 11x - 7y = 3x + 2y + 22$
$\qquad$ II $\quad 8x + 3y = 5x + 8y + 5$

b) $\quad$ I $\quad 2(2x + 3) + 3(x - 2y) = 6$
$\qquad$ II $\quad 6(2y - x) - 4(x + 3) = 12$

Quadratische Gleichungen

Es gibt viele Zusammenhänge in der Mathematik und den Naturwissenschaften, bei denen Quadrate auftreten. Fragestellungen können auf Gleichungen führen, in denen quadratische Variablen auftauchen. Zur Lösung solcher Gleichungen müssen spezielle Verfahren angewendet werden.

Test zu den Grundfertigkeiten

1 Bei welchen der folgenden Gleichungen handelt es sich um quadratische Gleichungen?

   A $x^2 + 3x - 4 = 0$ B $x^2 - 4 = 21$

   C $4x - 3 = 5x$ D $x(2 + x) = -4$

2 Wie viele Lösungen kann eine quadratische Gleichung haben?

   A   keine   B   eine

   C   zwei   D   unendlich viele

3 Welche Lösungsmenge gehört zu der quadratischen Gleichung $x^2 - 2x - 15 = 0$?

   A $L = \{(3; 5)\}$ B $L = \{(5)\}$

   C $L = \{(-3; 5)\}$ D $L = \{(3; -5)\}$

4 Zu welchen der quadratischen Gleichungen gehören die Lösungen 0 und 2?

   A $x^2 - 2x = 0$ B $4x^2 - 8x = 0$

   C $x^2 = 4$ D $2x^2 = 4x$

5 Bestimme die Lösungsmengen der Gleichungen.

a) $x^2 = 81$

   A $L = \{9\}$ B $L = \{-9\}$

   C $L = \{-9; 9\}$ D $L = \{0; 9\}$

b) $x^2 - 9 = 40$

   A $L = \{7\}$ B $L = \{0; 7\}$

   C $L = \{-7; 7\}$ D $L = \{3; 7\}$

c) $x(x - 4) = 0$

   A $L = \{0\}$ B $L = \{0; 4\}$

   C $L = \{4\}$ D $L = \{-4; 0\}$

6 Nenne die Lösungsformel für quadratische Gleichungen der Art $x^2 + px + q = 0$.

---

7 Gegeben ist die Gleichung $x^2 - 3x + 4 = 0$. Welche Zuordnung ist richtig?

   A $p = 3$ und $q = 4$ B $p = 1$ und $q = 3$

   C $p = 3$ und $q = +4$ D $p = -3$ und $q = 4$

8 Bei der Lösung einer quadratischen Gleichung ergibt sich $x_{1/2} = -\frac{3}{2} \pm \sqrt{\left(\frac{3}{2}\right)^2 + 5}$.

Welche quadratische Gleichung passt?

   A $x^2 + 3x - 5 = 0$ B $x^2 - 3x + 5 = 0$

   C $x^2 - \frac{3}{2}x + 5 = 0$ D $x^2 = -3x + 5$

9 Betrachte die Gleichung $3x^2 - 18x + 21 = 0$. Welcher Lösungsansatz ist richtig? $x_{1/2} =$

   A $3 \pm \sqrt{\left(\frac{6}{2}\right)^2 - 7}$ B $-\frac{6}{2} \pm \sqrt{\frac{9}{4} - 7}$

   C $\frac{18}{2} \pm \sqrt{(9)^2 - 21}$ D $\frac{6}{2} \pm \sqrt{\left(\frac{6}{2}\right)^2 + 7}$

10 Welche der Lösungsansätze haben keine Lösung? $x_{1/2} =$

   A $\frac{8}{2} \pm \sqrt{\left(\frac{8}{2}\right)^2 - 7}$ B $\frac{4}{2} \pm \sqrt{\left(\frac{4}{2}\right)^2 - 4}$

   C $\frac{18}{2} \pm \sqrt{(9)^2 - 21}$ D $-\frac{6}{2} \pm \sqrt{\left(\frac{6}{2}\right)^2 - 10}$

11 Entscheide, ob $(x - 2)(x + 3) = 0$ eine quadratische Gleichung ist und nenne ggf. die Lösung.

   A   keine quadratische Gleichung   B $L = \{(2; -3)\}$

   C $L = \{(-2; 3)\}$ D $L = \{(0)\}$

---

9 bis 11 Aufgaben sind richtig. Deine Grundfertigkeiten sind gut.
6 bis 8 Aufgaben sind richtig. Deine Grundfertigkeiten sind befriedigend.
Weniger als 6 Aufgaben sind richtig. Deine Grundfertigkeiten sind noch nicht ausreichend.

Aufgaben zum Trainieren

Aufgabe 1

a) Löse die quadratischen Gleichungen ohne Verwendung der *pq*–Formel.

(1) $x^2 + 5x = 0$ (2) $(x - 3)(3x + 5) = 0$ (3) $0{,}5x^2 + 2x = 0$

(4) $-3x^2 + 75 = 0$ (5) $2(x + 5)^2 - 32 = 0$ (6) $5(x - 5)(x - 2) = 0$

b) Löse die quadratischen Gleichungen unter Verwendung der *pq*–Formel.

(1) $x^2 + 2x - 35 = 0$ (2) $x^2 + 19{,}5x - 10 = 0$ (3) $3x^2 - 75 = 0$

(4) $-2x^2 - 6x + 140 = 0$ (5) $2x^2 - 12x = 0$ (6) $2x^2 + 20 = 0$

c) Löse die quadratische Gleichung mit einem beliebigen Verfahren.

(1) $x^2 + 2x + 10 = 0$ (2) $x^2 - 19x = 0$ (3) $6x^2 = 3x$

(4) $3x^2 = -12x + 150$ (5) $(x + 2)(x - 2{,}5) = 0$ (6) $2x^2 - 8x = -8$

Aufgabe 2

Löse die folgenden Text- und Sachaufgaben. Stelle jeweils zuerst eine quadratische Gleichung auf.
Hinweis: Führe für die gesuchten Größen Variablen ein.

a) Das Quadrat der gesuchten Zahl ist gleich ihrem Fünffachen. Welche Zahl könnte es sein?

b) Welche Kantenlänge hat ein Würfel mit dem Oberflächeninhalt $37{,}5\,cm^2$?

c) Multipliziert man eine natürliche Zahl mit der um 10 größeren Zahl, so erhält man 704. Wie lautet die Zahl?

d) Das Quadrat einer natürlichen Zahl vermehrt um ihr 7-faches ergibt 8. Wie lautet die Zahl?

e) Der Flächeninhalt eines Rechtecks beträgt $21\,875\,mm^2$. Die eine Seite ist um 5 cm länger als die andere Seite. Wie lang sind die Rechteckseiten?

f) Ein rechtwinkliges Dreieck hat einen Flächeninhalt von $40\,cm^2$. Eine Kathete ist 16 cm länger als die andere Kathete. Wie lang sind die Katheten?

Aufgabe 3

Eine Supermarktkette hat ein rechteckiges Grundstück gekauft, um darauf den skizzierten Supermarkt mit rechteckiger Grundfläche zu bauen und die benötigten Parkflächen anzulegen.
Das Grundstück ist 80 m lang und 60 m breit. Die Breite x der Parkstreifen vor und neben der Halle ist gleich.
Außerdem soll die Fläche des Parkplatzes genauso groß sein wie die Grundfläche des Gebäudes.

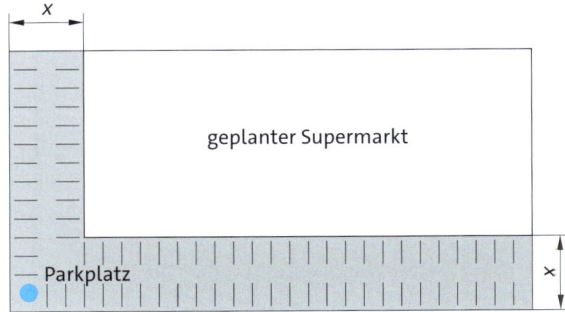

a) Berechne die Breite x eines Parkstreifens.

b) Schätze, wie viele Autos auf dem Parkplatz parken können, wenn 60 % der Fläche zum Abstellen von Autos zur Verfügung steht.

c) Es ist geplant, etwa 30 % des Parkplatzes mit Pflastersteinen und den restlichen Teil mit Rasengittersteinen zu befestigen. Wie viel Euro sind dafür einzuplanen, wenn $1\,m^2$ Pflastersteine 40,00 Euro und $1\,m^2$ Rasengittersteine 35,00 Euro kosten?

Aufgabe 4

Bei einer Klassenfahrt soll der Betrag von 350 € auf alle Teilnehmer verteilt werden. Am Tag der Abreise sind jedoch drei nicht da, dadurch erhöht sich der Betrag für jeden um 1,5 €. Wie viele Personen sind in der Klasse?
(Hinweis: x: Größe der Klasse, $x - 3$: Anzahl der Mitfahrenden.)

Zuordnungen

Zuordnungen begegnen uns in allen Lebensbereichen, z. B. ist auf einer Senderfrequenz ein bestimmter Radiosender zu finden und jedes Brötchen hat einen bestimmten Preis. Zuordnungen können mithilfe von Diagrammen, Tabellen, Worten, Koordinatensystemen...dargestellt werden.

Test zu den Grundfertigkeiten

1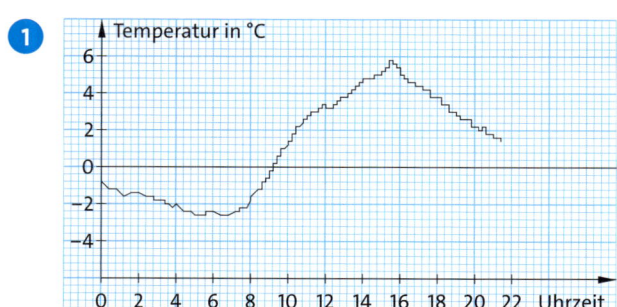

Wann betrug die Temperatur −2 °C?

A 2 Uhr   B 4 Uhr
C 8 Uhr   D 11 Uhr

2 Welche Art von Zuordnung liegt hier vor?

Stückzahl	2	3	7
Preis	3	4,5	10,5

A proportional   B exponentiell
C antiproportional   D keine

3 Welche der folgenden Eigenschaften gelten für proportionale Zuordnungen?

A Eine Verdopplung des x-Wertes führt zur Verdopplung des y-Wertes.

B Die Zahlenpaare sind produktgleich.

C Eine Verdopplung des x-Wertes führt zur Halbierung des y-Wertes.

D Der Graph ist eine Gerade.

4 Es soll eine proportionale Zuordnung vorliegen. Welche Werte können ergänzt werden?

Anzahl der Werkstücke	2	x
Preis in Euro	3	y

A $x = 3$; $y = 4$ B $x = 3{,}5$; $y = 5{,}5$
C $x = 0$; $y = 0$ D $x = 4\frac{1}{4}$; $y = 6\frac{3}{8}$

5 Entscheide, ob die Zuordnung (1): proportional, (2): antiproportional oder (3): keines von beiden ist.

A 1 Anstreicher benötigt für eine Wand 5 Stunden. Wie lange brauchen 3?

B 3 Liter Benzin kosten 4,23 €, wie viel kosten 5 Liter?

C Daniel ist 3 Monate alt und 62 cm groß, mit 4 Monaten ist er 64 cm groß.

D Um 10 Uhr morgens sind es 12 °C, um 17 Uhr 18°.

6 Ordne den Graphen die entsprechende Zuordnung zu.

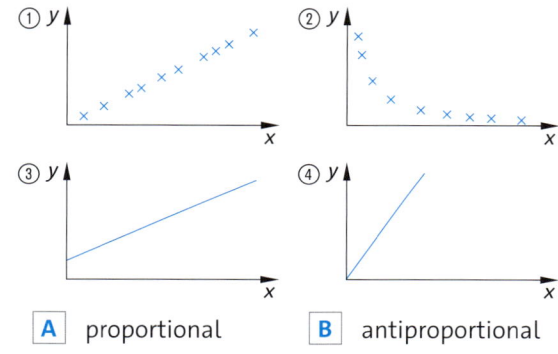

A proportional   B antiproportional
C exponentiell   D quadratisch

7 Um einen Rasen zu mähen, benötigen 4 Gärtner 6 h. Wie viel Zeit benötigen 5 Gärtner? Hinweis: Die Gärtner haben jeweils die gleiche Arbeitsleistung.

A 4 h 8 min   B 7,5 h
C 4 h 48 min   D 5 h 20 min

8 Für 5 Pfannkuchen benötigt man 100 g Mehl. Wie viel Mehl benötigt man für 6 Pfannkuchen?

A 20 g   B 83,3 g
C 106 g   D 120 g

7 bis 8 Aufgaben sind richtig. Deine Grundfertigkeiten sind gut.
5 bis 6 Aufgaben sind richtig. Deine Grundfertigkeiten sind befriedigend.
Weniger als 5 Aufgaben sind richtig. Deine Grundfertigkeiten sind noch nicht ausreichend.

Aufgaben zum Trainieren

Aufgabe 1

Die Pizzeria „Bella Italia" verkauft Pizzas in drei verschiedenen Größen.

Unser Pizza-angebot	Durchmesser der Pizzas		
	26 cm	30 cm	32 cm
Margherita	2,00 €	3,00 €	4,00 €
Salami	4,00 €	5,00 €	5,50 €
Peperonata	3,00 €	4,50 €	6,00 €
Piccata	3,50 €	5,00 €	6,00 €
Marina	5,00 €	6,00 €	7,00 €
Contadina	4,50 €	5,50 €	6,50 €

a) Um den Preis vergleichen zu können, möchte Artur die Zuordnung
Durchmesser → Preis untersuchen.
Alex schlägt vor, die Zuordnung
Fläche → Preis zu betrachten.
Welches Vorgehen ist sinnvoller? Begründe.

b) Welche Pizzagröße ist jeweils die günstigste? Begründe deine Meinung rechnerisch.

c) Wie teuer müsste die Pizza Salami mit 30 cm Durchmesser sein, wenn der Preis pro Quadratzentimeter derselbe sein soll wie bei der kleineren Pizza?

Aufgabe 2

Prüfe, ob eine proportionale Zuordnung, eine antiproportionale Zuordnung oder keines von beiden vorliegt.
Berechne dann die Lösungen, wenn möglich, mit dem Dreisatz.

a) Aus 50 kg Äpfeln erhält man 15 Flaschen Saft. Wie viel Saft erhält man bei 80 kg? Wie viele Äpfel werden für 27 Flaschen benötigt?

b) 17 Waschbetonplatten wiegen 510 kg. Wie viel wiegen 10 Platten derselben Sorte?

c) Ein Wasserbecken wird durch 5 gleich starke Pumpen in 19 Stunden gefüllt. Wie lange dauert das Füllen, wenn nur 3 Pumpen laufen? Wie viele Pumpen werden benötigt, wenn das Becken in 8 Stunden voll sein soll?

d) Ein Läufer legt 200 m in 20,6 s zurück. Wie lange benötigt derselbe Läufer für 1500 m? Wie weit kommt er in 20 min?

e) 10 Musiker spielen einen Tanz in 4 Minuten. Wie lange brauchen 5 Musiker dafür?

f) Ein Rohbau soll von 8 Maurern in 24 Tagen fertig gestellt werden wenn sie täglich 8 Stunden arbeiten. Nach 19 Tagen fällt einer aus, die anderen arbeiten jetzt 9 Stunden täglich. Werden sie rechtzeitig fertig?

Aufgabe 3

Die allseits bekannten Schuhgrößen berechnen sich wie folgt:
Zur in Zentimetern gemessenen Fußlänge werden 1,5 cm addiert. Die Summe wird danach mit 1,5 multipliziert.

a) Carinas Fuß ist 22,5 cm lang.
Welche Schuhgröße hat Carina?

b) Finde für die Zuordnung
Fußlänge in cm → Schuhgröße eine Gleichung.

c) Erstelle für die Zuordnung
Fußlänge in cm → Schuhgröße eine Tabelle und ein Diagramm. Beginne mit einer Fußlänge von 21 cm und ende bei Schuhgröße 43.

d) Laut Guinnessbuch der Rekorde hat der Amerikaner Matthew McGrory mit Schuhgröße 63 die bisher größten Füße. Wie lang sind sie?

e) Der größte Lederstiefel der Welt wurde von der Red Wing Shoe Company in Minnesota gefertigt. Schätze, welche Schuhgröße der abgebildete Stiefel hat.

Lineare Funktionen

Funktionen sind Zuordnungen, bei denen jedem x-Wert genau ein y-Wert zugeordnet wird. Bei linearen Funktionen tritt das x höchstens in erster Potenz auf, Beispiele wären $f(x) = 2x + 3$, $g(x) = -0,5x + 1$ oder $y = 3x - 4$. Hierbei ist y gleichbedeutend mit $f(x)$ oder $g(x)$.

Test zu den Grundfertigkeiten

1 Bei welcher linearen Funktion ist für $x = 3$ der Funktionswert $y = -1$?

A $f(x) = 2x - 7$ **B** $g(x) = -2x + 7$

C $y = -4x + 10$ **D** $x - 0,5y = 3,5$

2 Gleichungen linearer Funktionen kann man in der Form $y = mx + b$ notieren. Welche Bedeutung haben m und n für den Verlauf der Graphen?

_____

_____

_____

3 Die Grafik zeigt das Bild einer linearen Funktion $y = f(x) = mx + b$. Welche Aussagen sind richtig?

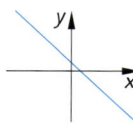

A $m > 0$ und $b > 0$ **B** $m < 0$ und $b > 0$

C $m < 0$ und $b < 0$ **D** $m > 0$ und $b < 0$

4 Forme die Gleichung $12x - 4y = 16$ so um, dass du m und b ablesen kannst.

A $m = 12$ und $b = -16$ **B** $m = 3$ und $b = 16$

C $m = 3$ und $b = -4$ **D** $m = -3$ und $b = 4$

5 Welche der Geraden geht durch den Punkt $P(4|1)$ und hat die Steigung $m = 0,5$?

A $g(x) = \frac{1}{2}x - 1$ **B** $f(x) = 0,5x + 1$

C $x - 2y = 2$ **D** $0,5x - 4y = -2$

6 Wie lautet die Gleichung der Geraden, die parallel zur x-Achse durch den Punkt $P(2|3)$ verläuft?

A $f(x) = 2$ **B** $f(x) = 2x$

C $f(x) = 3$ **D** $f(x) = 3x$

7 Was trifft auf alle Graphen linearer Funktionen zu?

A Sie sind Geraden.

B Sie verlaufen durch den Ursprung.

C Sie schneiden die y-Achse.

D Sie schneiden die x-Achse.

8 Welche Steigung hat eine Gerade, die durch die Punkte $P(1|2)$ und $Q(2,5|-4)$ verläuft?

A $m = -1$ **B** $m = -2$

C $m = -2,5$ **D** $m = -4$

9 Welche der Zuordnungen sind im Alltag oft linear?

A _Anzahl der CDs → Preis_

B _Geschwindigkeit → Fahrzeit_

C _Fahrzeit → Entfernung zum Ziel_

D _Fahrkilometer → Preis für die Taxifahrt_

10 Gib die Funktionsgleichungen und Nullstellen an.

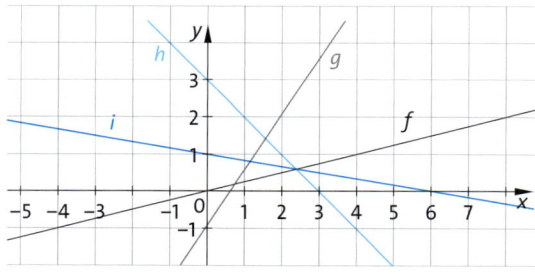

_____

_____

_____

_____

---

9 bis 10 Aufgaben sind richtig. Deine Grundfertigkeiten sind gut.
6 bis 8 Aufgaben sind richtig. Deine Grundfertigkeiten sind befriedigend.
Weniger als 6 Aufgaben sind richtig. Deine Grundfertigkeiten sind noch nicht ausreichend.

Aufgaben zum Trainieren

Aufgabe 1

Bestimme die Funktionsgleichungen der linearen Funktionen. Der Graph von f ...

a) verläuft durch den Punkt $A\,(2\,|\,3)$ und hat die Steigung $m = -1$.

b) hat die Steigung 4 und den y-Achsenabschnitt $b = 3$.

c) verläuft durch die Punkte $B\,(1\,|\,5)$ und $C\,(3\,|\,1)$.

d) verläuft parallel zur Geraden $y = \frac{2}{5}x - 4$ und geht durch $D\,(-1\,|\,5)$.

e) schneidet die x-Achse bei $x = 7$ und die y-Achse bei $y = 5$.

f) geht durch den Ursprung des Koordinatensystems und hat die Steigung 4.

Aufgabe 2

Gegeben sind die drei Funktionen $f(x) = \frac{1}{4}x$, $g(x) = -\frac{3}{5}x + 3$ und $h(x) = 3x + 4$.

a) Erkläre begründend, warum sich diese drei Funktionsgraphen schneiden müssen.

b) Zeichne die Geraden (ohne Nutzung einer Wertetabelle) in **ein** Koordinatensystem.

c) Berechne die Eckpunkte des Dreiecks.

d) Auf der Geraden $f(x)$ liegen die Punkte $P\,(2\,|\,f(2))$ und $Q\,(4\,|\,f(4))$. Berechne die fehlenden y-Werte der Punkte und ihren Abstand voneinander. (Hinweis: Satz von Pythagoras)

Aufgabe 3

Bei einem Stromanbieter gibt es zwei Tarife.

Tarif A: jährliche Grundgebühr von 72 € und 17,2 ct pro kWh
Tarif B: jährliche Grundgebühr von 108 € und 15,8 ct pro kWh

a) Berechne für beide Tarife die Preise für einen Jahresverbrauch von 500 kWh und 3000 kWh.

b) Stelle jeweils eine Funktionsgleichung auf, die den Kilowattstunden den Preis pro Jahr zuordnet. Gib die Bedeutung der Variablen an.

c) Zeichne die zu jeder Gleichung gehörende Gerade in ein gemeinsames Koordinatensystem. Teile zuvor die Achsen sinnvoll ein.

d) In welchem Punkt schneiden sich die Geraden? Was bedeutet das für den zu wählenden Tarif?

Aufgabe 4

Wer ein Handy besitzt, hat nicht selten ein Problem, wenn es darum geht, den günstigsten Tarif auszuwählen.

Tarif	monatliche Grundgebühr	Preis pro Minute	Hinweis
Easy	–	0,39 €	[1] Die ersten 45 Minuten sind frei. Es muss dann nur die Grundgebühr bezahlt werden.
Telly	4,95 €	0,29 €	
Relax[1]	14,95 €	0,49 €	[2] Für monatlich 29,95 € kann beliebig lange telefoniert werden.
Flat[2]	29,95 €	–	

a) Ordne jedem Tarif das Diagramm zu, das der Zuordnung *Gesprächszeit → Preis* am ehesten entspricht. Begründe deine Entscheidungen.

b) Vergleiche die Kosten für ein 7 Minuten langes Gespräch im Tarif „Easy" und für ein 15 Minuten langes Gespräch im Tarif „Telly".

c) Bestimme die Funktionsgleichungen für die Tarife „Easy" und „Telly".

d) Schreibe einen kurzen Bericht für eine Zeitschrift mit Empfehlungen für die Handytarife. Zeichne dazu die Graphen der vier Zuordnungen in ein Koordinatensystem.

Quadratische Funktionen

Viele Zusammenhänge in Natur und Technik entwickeln sich nicht gleichförmig sondern wachsen zum Beispiel immer schneller. Hier helfen quadratische Funktionen bei der Beschreibung dieser Vorgänge. Bei quadratischen Funktionen liegt das x in zweiter Potenz, also x^2 vor.

Test zu den Grundfertigkeiten

1 Welche der Graphen gehören zu einer quadratischen Funktion?

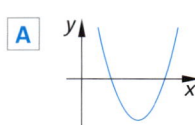 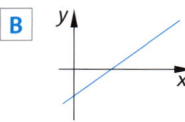

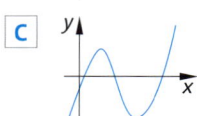 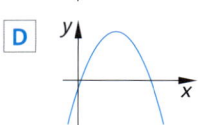

2 Jede quadratische Funktion hat einen ...

A höchsten Punkt

B Schnittpunkt mit der x-Achse

C Scheitelpunkt

D Schnittpunkt mit der y-Achse

3 Der Scheitelpunkt der Funktion $f(x) = 5(x - 2)^2 + 3$ lautet ...

A $S(2|3)$

B $S(-2|3)$

C $S(10|3)$

D $S(-10|3)$

4 Welche Funktion liegt in der Scheitelpunktform vor?

A $f(x) = -4(x - 2)^2$

B $f(x) = x^2 - 2x$

C $f(x) = (x - 3)^2 + 4$

D $f(x) = 3x^2 - 4$

5 Eine verschobene Normalparabel ...

A ist $f(x) = x^2 + 2x$

B hat die Steigung 1

C ist $f(x) = 2x^2$

D hat vor dem x^2 eine 1

6 Wie geht $f(x) = 2(x - 3)^2 + 5$ aus $f(x) = x^2$ hervor?

A Verschiebung um 3 nach rechts

B Verschiebung um 3 nach links

C Streckung um 2

D Stauchung um 2

7 Nenne die Funktionsgleichung der verschobenen Normalparabel.

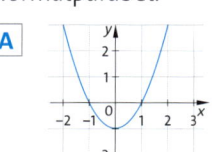 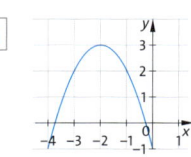

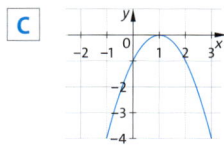 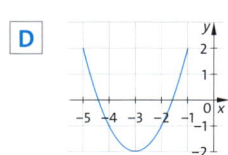

8 Die Parabelgleichung $f(x) = x^2 + 5x - 12$ soll in die Scheitelpunktform gebracht werden. Die quadratische Ergänzung lautet:

A $+(5)^2$

B $+(12)^2$

C $+\left(\frac{5}{2}\right)^2$

D $+\left(\frac{12}{2}\right)^2$

9 Eine quadratische Funktion kann ...

A keinen

B einen

C zwei

D drei

Schnittpunkt(e) mit der x-Achse haben.

10 Die Funktion $f(x) = x^2 + 5x$ hat als Schnittpunkte mit der x-Achse ...

A 0 und 5

B 0 und $\frac{1}{5}$

C 5 und -5

D 0 und -5

11 Bei einer Funktion $f(x) = ax^2 + bx + c$ hat der Faktor a Einfluss auf die ...

A Streckung/Stauchung

B Verschiebung nach rechts/links

C Öffnung nach oben/unten

D Verschiebung nach oben/unten

9 bis 11 Aufgaben sind richtig. Deine Grundfertigkeiten sind gut.
7 bis 8 Aufgaben sind richtig. Deine Grundfertigkeiten sind befriedigend.
Weniger als 7 Aufgaben sind richtig. Deine Grundfertigkeiten sind noch nicht ausreichend.

Aufgaben zum Trainieren

Aufgabe 1

Die Scheitelpunktform einer quadratischen Funktion lautet $f(x) = a(x - x_S)^2 + y_S$. Hierbei bestimmen a, x_S und y_S die Transformationen, das heißt, die Verschiebung und Streckung/Stauchung der Normalparabel $f(x) = x^2$.

a) Nenne die Bedeutung der Parameter a, x_S und y_S.

b) Gib die Gleichung der quadratischen Funktion in der Scheitelpunktform an, die ...
- (1) unten offen, mit dem Faktor 2 gestreckt, um 3 nach rechts und um 4 nach oben verschoben ist.
- (2) oben offen, um den Faktor 0,3 gestaucht, um 2,5 nach links und um 2 nach unten verschoben ist.

c) Gib an, durch welche Transformation die Parabel aus der Normalparabel entsteht:
- (1) $f_1(x) = 4(x - 1)^2 + 2$
- (2) $f_2(x) = -1,5(x - 3)^2$
- (3) $f_3(x) = 0,5x^2 - 4$

d) Gib die Funktionen aus 1c) in der allgemeinen Form $f(x) = ax^2 + bx + c$ an.

e) Der Graph der verschobenen Normalparabel hat den Scheitelpunkt S. Gib die Funktionsgleichung in Scheitelpunktform und in allgemeiner Form an.
- (1) $S_1(1|-4)$
- (2) $S_2(-1|3)$
- (3) $S_3(0|6)$
- (4) $S_4(7|0)$

f) Der Graph der Funktion f verläuft durch den Punkt $P(3|4)$. Bestimme den Parameter a.
- (1) $f(x) = ax^2$
- (2) $f(x) = x^2 + a$
- (3) $f(x) = (x - a)^2 - 5$

Aufgabe 2

Bestimme die Funktionsgleichungen.

a)
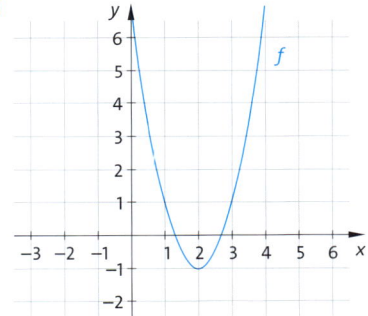

b)
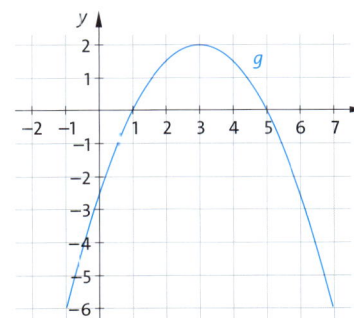

c)
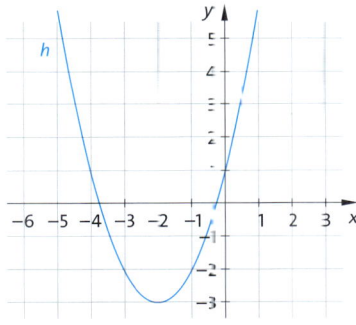

Aufgabe 3

Die Scheitelpunktform ermöglicht das Ablesen des Scheitelpunktes. Um sie aus der allgemeinen Form herzustellen, kann die quadratische Ergänzung verwendet werden. Bestimme den Scheitelpunkt der Funktion.

a) $f_1(x) = x^2 - 4x + 9$

b) $f_2(x) = x^2 + 6x + 5$

c) $f_3(x) = 3x^2 - 24x + 57$

Aufgabe 4

Ein Junge versucht einen Ball über eine 8 m hohe Mauer zu werfen. Seine Flugbahn entspricht dem Graphen zu der Funktion $f(x) = -0,4x^2 + 4,8x - 4,4$ (x und $f(x)$ in Metern).

a) Die Mauer steht bei $x = 4$. Stimmt es, dass der Ball, wie in der Skizze gezeichnet, über die Mauer fliegt? Gib auch an, wo der Ball auf die Mauer trifft bzw. wie hoch er über die Mauer fliegt.

b) Berechne den Punkt jenseits der Mauer, an dem der Ball auf dem Boden aufkommt.

c) Berechne den höchsten Punkt der Flugbahn.

d) Berechne die Abwurfposition auf der x-Achse, an der der Junge steht, wenn er 1,5 m groß ist.

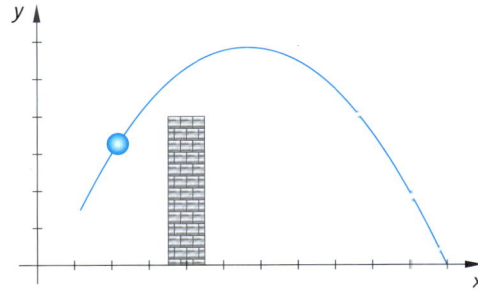

Exponentialfunktionen

Die Beschreibung von Wachstumsvorgängen in den Naturwissenschaften erfordert eine Funktionenart, deren Wachstumsgeschwindigkeit abhängig von der vorhandenen Menge ist. Je größer die Menge, desto größer der Zuwachs. Auch Zerfallsvorgänge können so beschrieben werden.

Test zu den Grundfertigkeiten

1 Welche der Graphen gehören zu einer Exponentialfunktion?

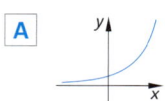

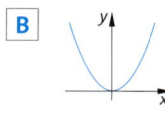

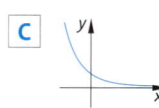

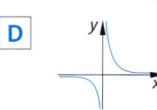

2 Für eine Exponentialfunktion $f(x) = b^x$ gilt: Der Funktionsgraph ...

A schneidet die x-Achse

B schneidet die y-Achse

C liegt oberhalb der x-Achse

D liegt unterhalb der x-Achse

3 Jede Exponentialfunktion $f(x) = a \cdot b^x$ geht durch den Punkt

A $(0|0)$

B $(0|1)$

C $(0|a)$

D $(a|0)$

4 Für jede Exponentialfunktion $f(x) = b^x$ gilt:

A $a > 0$

B $b > 0$

C $f(x) > 0$

D $f(x) \neq 0$

5 Ordne entsprechend zu.

A lineares Wachstum

B exponentielles Wachstum

C lineare Abnahme

D exponentieller Zerfall

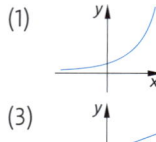

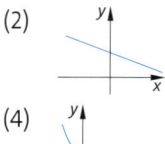

6 $f(x) = w_0 \cdot \left(1 + \frac{p}{100}\right)^x$ beschreibt prozentuales Wachstum. Dabei ist...

A w_0 Wachstumsrate

B w_0 Anfangsbestand

C p Wachstumsfaktor

D p Wachstumsrate

7 Die folgende Wertetabelle

x	0	1	2
$f(x)$	0,2	0,4	0,8

gehört zu einer Exponentialfunktion $f(x) = a \cdot b^x$. Bestimme a und b.

A $a = 1; b = 2$

B $a = 0,2; b = 0,4$

C $a = 1; b = 0,2$

D $a = 0,2; b = 2$

8 Eine Bakterienart vermehrt sich exponentiell. Zu Beginn sind 5 Bakterien vorhanden, nach 2 Stunden schon 45. Welche Funktion passt?

A $f(x) = 20x + 5$

B $f(x) = 5 \cdot 3^x$

C $f(x) = 10 \cdot x^2 + 5$

D $f(x) = 3 \cdot 5^x$

9 Für welche Werte von b fällt der Graph von $f(x) = 2,5 \cdot b^x$?

A $b = 2,5$

B $b = 0,5$

C $b = 1,0$

D $0 < b < 1$

10 Der Graph einer Exponentialfunktion $f(x) = a \cdot b^x$ ...

A steigt erst langsam und dann schnell

B fällt erst langsam und dann schnell

C steigt erst schnell und dann langsam

D fällt erst schnell und dann langsam

11 Die Funktion $f(x) = a \cdot b^x$ beschreibt eine exponentielle Abnahme, wenn...

A $a < 0$ und $b > 1$

B $0 < a > 1$ und $b > 0$

C $a > 0$ und $0 < b < 1$

D $a > 1$ und $0 < b < 1$

---

9 bis 11 Aufgaben sind richtig. Deine Grundfertigkeiten sind gut.
7 bis 8 Aufgaben sind richtig. Deine Grundfertigkeiten sind befriedigend.
Weniger als 7 Aufgaben sind richtig. Deine Grundfertigkeiten sind noch nicht ausreichend.

Aufgaben zum Trainieren

Aufgabe 1

Entscheide, ob exponentielles oder lineares Wachstum vorliegt. Bestimme dann die Wachstumsfunktion.

a)

x	0	1	2
y	25	37,5	56,25

b)

x	−1	1	2
y	−350	50	250

c)

x	2	3	4
y	18	54	162

d)

x	0	1	2
y	60	72	86,4

e)

x	0	1	2
y	80	64	51,2

f)

x	−1	2	3
y	0	30	40

Aufgabe 2

Bestimme in den untenstehenden Gleichungen die fehlende Größe.

a) $a \cdot 2^3 = 16$

b) $a \cdot 0,8^4 = 8192$

c) $400 \cdot b^{2,5} = 30$

d) $a \cdot 0,25^2 + 3 = a \cdot 0,5^3$

e) $280 \cdot b^3 + 120 = 20 \cdot b^3$

f) $b \cdot (2 - b^2) + 2 b^3 = 1 + 2 b$

Aufgabe 3

Bestimme die Lösung der Gleichung durch Probieren.

a) $5^{x-1} = 25$

b) $6^{x+2} = 36$

c) $4^{3x} = 4096$

d) $2^{2x} = 256$

e) $3^{2x-1} = 243$

f) $8^{3x-7} = 0,125$

Aufgabe 4

a) Die Einwohnerzahl von Lummerland betrug im Jahr 2016 genau 120 Personen. 2017 waren es bereits 126 Personen. Man geht von exponentiellem Wachstum aus.
   1. Stelle die Wachstumsfunktion auf!
   2. Wie viele Menschen werden im Jahr 2060 auf Lummerland leben?
   3. In welchem Jahr wird die Bevölkerung auf über 500 Personen ansteigen?

b) Zu Beginn einer Beobachtung hat ein Körper eine Temperatur von 500 °C. Die Temperatur sinkt jeweils innerhalb einer Stunde auf die Hälfte ihres Wertes. Der Abkühlungsprozess ist exponentiell.
   1. Stelle die Wachstumsfunktion auf.
   2. Welche Temperatur hat der Körper acht Stunden nach Beginn des Beobachtungszeitraums?
   3. Welche Temperatur hatte der Körper drei Stunden vor Beobachtungsbeginn?
   4. Nach welcher Zeit beträgt die Temperatur des Körpers nur noch 1 °C?

c) Eine Masse vermehrt sich innerhalb einer Woche um 25 %. Zu Beginn der Messung sind 250 Einheiten vorhanden.
   1. Bestimme die Wachstumsfunktion, gib Wachstumsrate, -faktor und den Anfangsbestand an.
   2. Wie viele Einheiten sind nach 5 Wochen vorhanden?
   3. Berechne, wie viele Einheiten drei Wochen vor Beobachtungsbeginn da waren.
   4. Bestimme die Verdopplungszeit.

d) Ein Kapital von 3000 Euro wird angelegt und mit 4 % verzinst.
   1. Wie groß ist es nach 12 Jahren?
   2. Nach wie vielen Jahren ist es auf 4000 Euro angewachsen?
   3. Mit welchem Zinssatz müsste es verzinst werden, damit es innerhalb von 10 Jahren auf 5500 Euro anwächst?

e) Kurz nach Einnahme einer normalen Dosis lässt sich ein Medikament in einer Konzentration von 5 mg/l im Blut nachweisen. Die Konzentration nimmt exponentiell ab mit einer Halbwertzeit von 3 Stunden. Ist sie auf weniger als 1 mg/l gesunken, hat das Medikament keine Wirkung mehr.
   1. Bestimme den Zerfallsfaktor pro Stunde, die Zerfallsrate und die Zerfallsfunktion.
   2. Tabelliere den Konzentrationsverlauf für die ersten 10 Stunden nach Nachweis der Konzentration von 5 mg/l.
   3. Gib den Zeitpunkt an, an dem die Konzentration im Blut unter die Wirksamkeitsgrenze fällt.

Rechtwinklige Dreiecke

Bei Berechnungen an geometrischen Figuren helfen oft Skizzen, den Lösungsansatz zu finden. Ist die Zeichnung relativ maßstabsgetreu, können mit ihr auch die Lösungen abgeschätzt werden. In zahlreichen Situationen hilft der Satz des Pythagoras weiter. Beachte, dass er nur für rechtwinklige Dreiecke gilt.

Tests zu den Grundfertigkeiten

1 Welche der Formeln gelten nach dem Satz des Pythagoras?

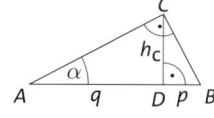

- **A** $a^2 + b^2 = c^2$
- **B** $h_c^2 = a^2 + p^2$
- **C** $q^2 + h_c^2 = a^2$
- **D** $b^2 = q^2 + h_c^2$

2 Gib die Länge der Hypotenuse c im rechtwinkligen Dreieck ABC mit $a = 6\,cm$ und $b = 8\,cm$ an.

- **A** $c = 4\,cm$
- **B** $c = 7\,cm$
- **C** $c = 10\,cm$
- **D** $c = 100\,cm$

3 Berechne die Längen der blauen Strecken.

a)

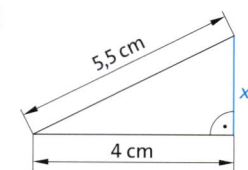

- **A** $x \approx 3{,}775\,cm$
- **B** $x \approx 14{,}25\,cm$
- **C** $x \approx 37{,}75\,cm$
- **D** $x \approx 1{,}425\,cm$

b)

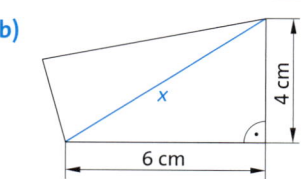

- **A** $x \approx 5{,}20\,cm$
- **B** $x \approx 3{,}16\,cm$
- **C** $x \approx 7{,}21\,cm$
- **D** $x \approx \sqrt{52}\,cm$

c)

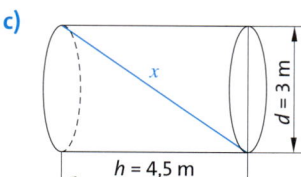

- **A** $x \approx 7{,}5\,m$
- **B** $x \approx 5{,}41\,m$
- **C** $x \approx \sqrt{29{,}25}\,m$
- **D** $x \approx 2{,}74\,m$

4 Ermittle mit Hilfe des Taschenrechners die wahren Aussagen.

- **A** $\sin(30°) = \frac{1}{2}$
- **B** $\cos(30°) \approx 0{,}87$
- **C** $\tan(30°) \approx -6{,}4$
- **D** $\sin(60°) = \cos(30°)$

5 Welche der folgenden Seitenverhältnisse sind für das rechtwinklige Dreieck ABC in Aufgabe 1 korrekt?

- **A** $\sin \alpha = \frac{a}{c}$
- **B** $\sin \alpha = \frac{h_c}{q}$
- **C** $\cos \alpha = \frac{q}{b}$
- **D** $\tan \alpha = \frac{h_c}{q}$

6 Berechne die Längen der Strecken x und y.

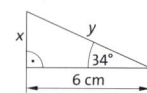

- **A** $x \approx 4\,cm$
- **B** $x \approx 5\,cm$
- **C** $y \approx 7{,}2\,cm$
- **D** $y \approx 10{,}7\,cm$

7 Berechne die Größe der Winkel α und β.

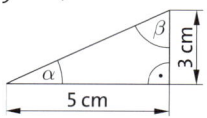

- **A** $\alpha \approx 31°$
- **B** $\alpha \approx 59°$
- **C** $\beta \approx 31°$
- **D** $\beta \approx 59°$

8 Fertige eine Planfigur für folgendes Dreieck an: $c = 6\,m$, $\alpha = 42°$ und $\gamma = 90°$. Berechne den Umfang u und den Flächeninhalt A des Dreiecks.

Planfigur:

- **A** $u = 0{,}5\,m;\ A = 7\,m^2$
- **B** $u = 12\,m;\ A = 8\,m^2$
- **C** $u = 14{,}5\,m;\ A = 9\,m^2$
- **D** $u = 16\,m;\ A = 10\,m^2$

9 Berechne die Höhe h_c eines gleichseitigen Dreiecks mit der Seitenlänge $a = 8\,cm$.

- **A** $h_c = 5{,}9\,cm$
- **B** $h_c = 6{,}9\,cm$
- **C** $h_c = 7{,}9\,cm$
- **D** $h_c = 8{,}9\,cm$

9 bis 11 Aufgaben sind richtig. Deine Grundfertigkeiten sind gut.
7 bis 8 Aufgaben sind richtig. Deine Grundfertigkeiten sind befriedigend.
Weniger als 7 Aufgaben sind richtig. Deine Grundfertigkeiten sind noch nicht ausreichend.

Aufgaben zum Trainieren

Aufgabe 1

Gib die Katheten und die Hypotenuse an und notiere dann den Satz des Pythagoras.
Bsp.: Katheten: x und z; Hypotenuse: y; Satz des Pythagoras: $x^2 + z^2 = y^2$

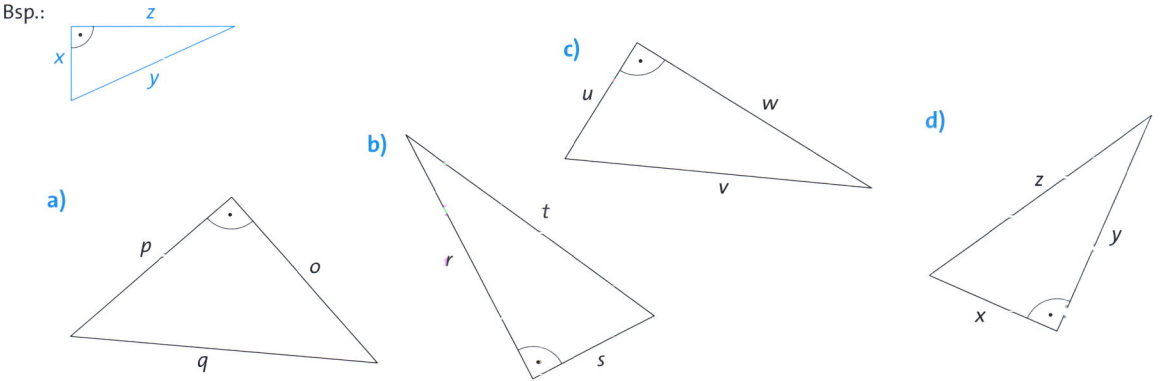

Aufgabe 2

Überlege zunächst, ob die Länge einer Kathete oder der Hypotenuse gesucht wird. Berechne dann die fehlende Seitenlänge mit dem Satz des Pythagoras.

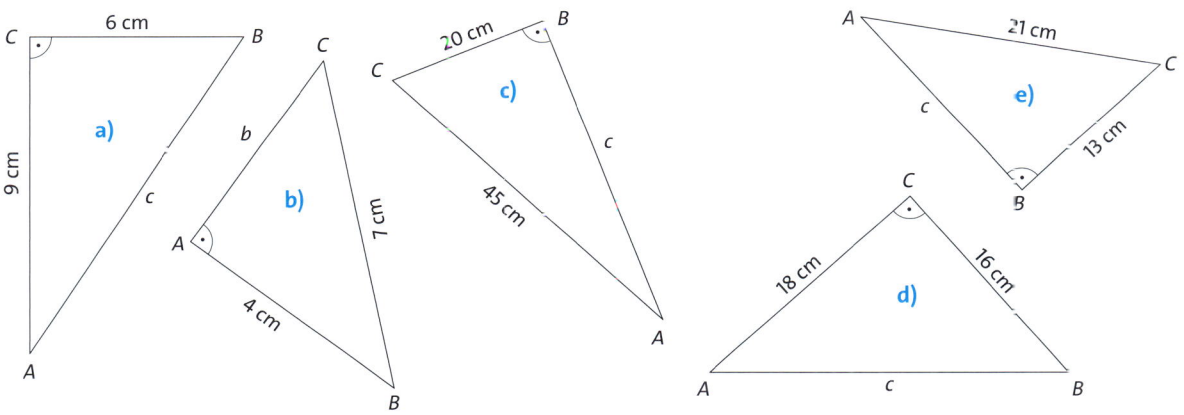

Aufgabe 3

Berechne die Länge der fehlenden Seiten, den Umfang u und den Flächeninhalt A der rechtwinkligen Dreiecke.

a)

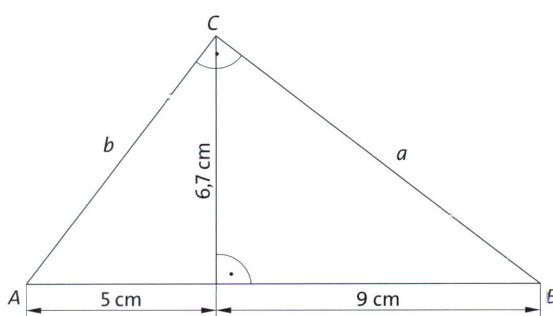

b)

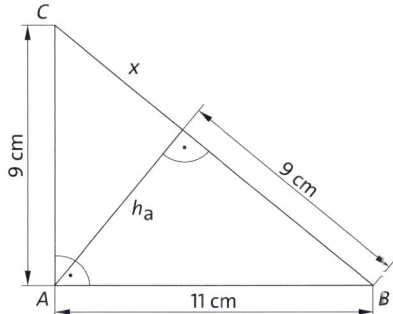

Aufgabe 4

Berechne für die folgenden rechtwinkligen Dreiecke jeweils die fehlende Seitenlänge, den Umfang u und den Flächeninhalt A des Dreiecks. Fertige zunächst eine Planfigur an und markiere die gegebenen Stücke farbig.

a) $a = 7\,\text{cm}$; $b = 10\,\text{cm}$; $\gamma = 90°$

b) $a = 9\,\text{cm}$; $c = 11\,\text{cm}$; $\gamma = 90°$

c) $b = 15\,\text{cm}$; $c = 22\,\text{cm}$; $\alpha = 90°$

d) $a = 14\,\text{cm}$; $b = 16{,}1\,\text{cm}$; $\beta = 90°$

e) $a = 1{,}7\,\text{cm}$; $c = 23\,\text{mm}$; $\beta = 90°$

f) $a = 1931\,\text{m}$; $b = 0{,}7\,\text{km}$; $\alpha = 90°$

Aufgabe 5

Überprüfe, ob das Dreieck ABC ein rechtwinkliges Dreieck ist. Ist dies der Fall, so gib an, welcher Winkel rechtwinklig ist.

a) $a = 4\,\text{cm}$; $b = 8\,\text{cm}$; $c = 9{,}5\,\text{cm}$

b) $a = 7\,\text{cm}$; $c = 3\,\text{cm}$; $c = 6{,}3\,\text{cm}$

c) $a = 10{,}5\,\text{cm}$; $b = 14\,\text{cm}$; $c = 9{,}3\,\text{cm}$

d) $a = 8{,}5\,\text{cm}$; $b = 4{,}1\,\text{cm}$; $c = 6{,}6\,\text{cm}$

e) $a = 15{,}2\,\text{cm}$; $b = 21{,}4\,\text{cm}$; $c = 25\,\text{cm}$

f) $a = 12{,}5\,\text{cm}$; $b = 12{,}5\,\text{cm}$; $c = 17{,}7\,\text{cm}$

Aufgabe 6

Eine Leiter ist 7 m lang.

a) Die Leiter wird 3 m von einer Wand entfernt aufgestellt. In welcher Höhe liegt die Leiter an der Wand an?

b) In welchem Abstand von der Wand muss die Leiter aufgestellt werden, wenn sie in einer Höhe von 6,7 m an der Wand anliegt.

Aufgabe 7

Löse jede Teilaufgabe mithilfe von Rechnungen. Entwickle dafür geeignete Skizzen.
Fertige maßstäbliche Zeichnungen an, um die Lösungen näherungsweise zu kontrollieren.

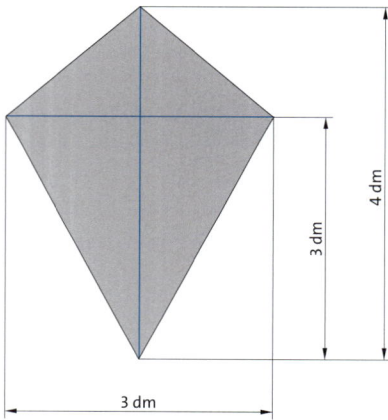

a) Die Diagonalen eines Drachens haben die in der Zeichnung angegebenen Abmessungen. Bestimme die Länge jeder Seite und den Flächeninhalt des Drachens.

b) Maria und Jan probieren im Herbst einen Drachen aus. Jan hält die 100 m lange Drachenschnur fest. Maria steht 80 m (80 große Schritte) entfernt direkt unter dem Drachen.
Wie hoch fliegt der Drachen?
Erläutere, warum der Drachen in Wirklichkeit tiefer steht als im Ergebnis angegeben.

Aufgabe 8

Birgit möchte eine gerade quadratische Pyramide basteln. Sie zeichnet ein Netz dieses Körpers.
Die Seitenlänge a der Grundfläche beträgt 5 cm und die Höhe h_s der Seitenfläche 6 cm.

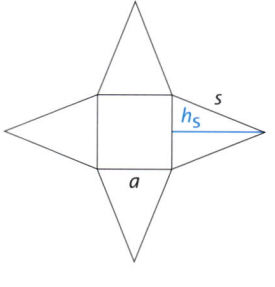

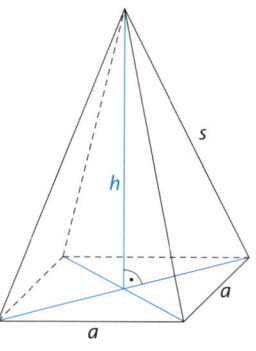

a) Berechne den Flächeninhalt einer Seitenfläche.

b) Bestimme die Länge der Kante s.

c) Welche Höhe h hat die fertige Pyramide?

Aufgabe 9

Berechne die fehlenden Seiten und Winkel im rechtwinkligen Dreieck ABC. Entwirf zunächst eine Planfigur und markiere die gegebenen Stücke farbig.

	a	b	c	α	β	γ
a)	1 m		5 m			90°
b)	6 cm	2,5 cm				90°
c)		5,4 dm			58°	90°
d)	5 km			90°	73°	
e)		564 mm			90°	45°
f)	2,8 cm		4,3 cm		90°	
g)			8 km	90°		66°

Aufgabe 10

Löse die Sachaufgaben. Zeichne geeignete Skizzen und kennzeichne die gegebenen und gesuchten Größen.

a) Ingrid liest auf einem Verkehrsschild: „Steigung 12 %". Frauke erklärt ihr, dass auf 100 m waagerechter Entfernung die Höhe um 12 m zunimmt. Bestimme den Steigungswinkel.

b) Klaus hat bei einer Seilbahnfahrt an der Talstation folgende Durchschnittsangaben gefunden:
Geschwindigkeit der Seilbahn: $2\frac{m}{s}$; Steigungswinkel: 20°; Fahrtdauer: 10 min.
Berechne den Weg, den die Seilbahn zurücklegt. Welcher Höhenunterschied wird mithilfe der Seilbahn überwunden?

Aufgabe 11

Die Firma Schmidt schließt an einer Außenleuchte einen Infrarot-Bewegungsmelder an. Dieser wird in einer Höhe von 2 m am Bürogebäude angebracht. Er schaltet die Lampe ein, wenn man sich ihr nähert.

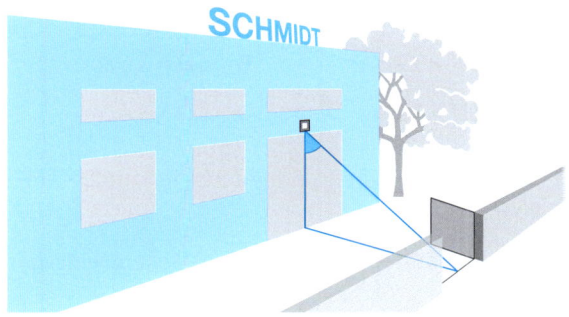

a) Wie groß muss der Neigungswinkel zur Vertikalen sein, damit die Lampe angeht, wenn man das 5 m vom Bürogebäude entfernte Tor öffnet?

b) Berechne, bei welcher Entfernung vom Gebäude die Lampe angeht, wenn der Neigungswinkel zur Vertikalen 52° beträgt.

c) Bei welcher Entfernung vom Gebäude wird die Lampe angehen, wenn der Neigungswinkel 52° beträgt und der Bewegungsmelder in einer Höhe von 1,80 m angebracht ist?

Aufgabe 12

Das Viereck ABCD ist ein gleichschenkliges Trapez, dessen Eckpunkte auf einem Kreis mit dem Durchmesser $\overline{AB}$ liegen. Es seien $\overline{AB}$ = 9 cm und α = 30°.

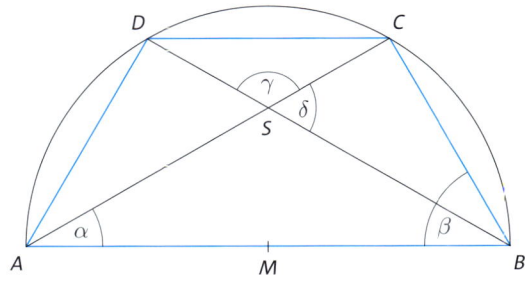

a) Ermittle mithilfe von Rechnungen die Größe der Winkel β, γ und δ.

b) Ermittle die Länge der Strecke $\overline{CD}$.

c) Berechne den Umfang u und den Flächeninhalt A des Trapezes.

d) Zerlegen die Diagonalen das Trapez in ähnliche Dreiecke? Begründe deine Antwort.

e) Konstruiere das Trapez ABCD.

Geometrie in der Ebene

Berechnungen an geometrischen Figuren hatten schon im Altertum eine große Bedeutung. Diese ergaben sich aus praktischen Bedürfnissen z. B.: Wie weit geht mein Feld? Wie groß ist das Gebäude? Überall im täglichen Leben gibt es Objekte, die näherungsweise die Form ebener geometrischer Figuren haben.

Tests zu den Grundfertigkeiten

1 Gegeben ist ein Rechteck mit den Seitenlängen $a = 9\,cm$ und $b = 12\,cm$. Ermittle den Umfang u und den Flächeninhalt A des Rechtecks.

- **A** $u = 21\,cm$
- **B** $u = 42\,cm$
- **C** $A = 108\,cm^2$
- **D** $A = 216\,cm^2$

2 Ermittle den Flächeninhalt des Dreiecks.

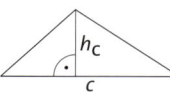

$h_c = 5\,cm$
$c = 7\,cm$

- **A** $A = 12\,cm^2$
- **B** $A = 17,5\,cm^2$
- **C** $A = 35\,cm^2$
- **D** $A = 70\,cm^2$

3 Welche der folgenden Flächen hat den kleinsten Flächeninhalt?

- **A** Raute mit den Diagonalen $e = 5\,cm$ und $f = 8\,cm$
- **B** Kreis mit dem Durchmesser $d = 5\,cm$
- **C** Trapez mit $a \parallel c$ und $a = 5\,cm$, $c = 8\,cm$, $h = 3\,cm$
- **D** Dreieck mit $\alpha = 90°$; $a = 8,9\,cm$; $b = 5,5\,cm$; $c = 7\,cm$

4 Welche der folgenden Flächen hat den kleinsten Umfang?

- **A** Raute mit der Seitenlänge $a = 5\,cm$
- **B** Kreis mit Durchmesser $d = 5\,cm$
- **C** Parallelogramm mit den Seitenlängen $a = 5\,cm$ und $b = 3\,cm$
- **D** Dreieck mit $a = 8,9\,cm$; $b = 5,5\,cm$; $c = 7\,cm$

5 Berechne den Flächeninhalt eines Kreisrings mit $r_a = 2,5\,cm$ und $r_i = 1,3\,cm$.

- **A** $A \approx 14,3\,cm^2$
- **B** $A \approx 10,2\,cm^2$
- **C** $A \approx 9,7\,cm^2$
- **D** $A \approx 3,8\,cm^2$

6 Berechne die Größe des Winkels β.

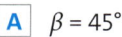

- **A** $\beta = 45°$
- **B** $\beta = 55°$
- **C** $\beta = 83°$
- **D** $\beta = 48°$

7 Berechne die Größe des Winkels α.

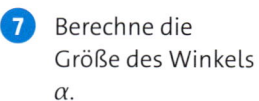

- **A** $\alpha = 65°$
- **B** $\alpha = 75°$
- **C** $\alpha = 115°$
- **D** $\alpha = 135°$

8 Berechne die Länge der Strecke $\overline{CD}$, wenn $\overline{ZA} = 4,2\,cm$, $\overline{ZC} = 3,5\,cm$, $\overline{ZB} = 7,8\,cm$ gilt.

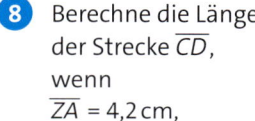

$AC \parallel BD$

- **A** $\overline{CD} = 3,2\,cm$
- **B** $\overline{CD} = 3,6\,cm$
- **C** $\overline{CD} = 3,0\,cm$
- **D** $\overline{CD} = 3,4\,cm$

9 Welche der Figuren sind (immer) Parallelogramme?

- **A** Quadrate
- **B** Drachenvierecke
- **C** Rauten
- **D** Trapeze

10 Die Länge der Originalstrecke ist 8 km. Die Länge der Bildstrecke beträgt 4 cm. Gib den Maßstab an.

- **A** $1 : 200\,000$
- **B** $200\,000 : 1$
- **C** $800\,000 : 2$
- **D** $8 : 400\,000$

8 bis 10 Aufgaben sind richtig. Deine Grundfertigkeiten sind gut.
6 bis 7 Aufgaben sind richtig. Deine Grundfertigkeiten sind befriedigend.
Weniger als 6 Aufgaben sind richtig. Deine Grundfertigkeiten sind noch nicht ausreichend.

Aufgaben zum Trainieren

Aufgabe 1

Berechne den Flächeninhalt und den Umfang der folgenden Vierecke.

a)

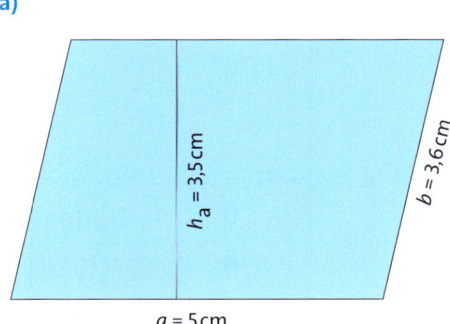

$h_a = 3{,}5\,cm$

$b = 3{,}6\,cm$

$a = 5\,cm$

b)

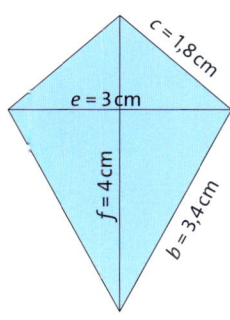

$c = 1{,}8\,cm$

$e = 3\,cm$

$f = 4\,cm$

$b = 3{,}4\,cm$

c)

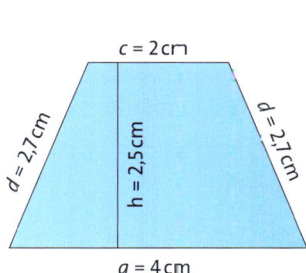

$c = 2\,cm$

$d = 2{,}7\,cm$

$h = 2{,}5\,cm$

$d = 2{,}7\,cm$

$a = 4\,cm$

Aufgabe 2

Löse die folgenden Aufgaben.

a) Ein Quadrat hat einen Flächeninhalt von 20,25 cm². Berechne die Seitenlänge.

b) Ein Rechteck hat einen Umfang von 26 m. Eine Seite ist 5,5 m lang. Wie lang ist die andere Seite des Rechtecks?

c) Ein Trapez hat die parallelen Seiten a und c. Seite a ist 8 cm lang, die Höhe beträgt 6 cm. Das Trapez hat einen Flächeninhalt von 39 cm². Berechne die Länge der Seite c.

d) Ein gleichschenkliges Dreieck mit $a = b$ und $c = 7$ cm hat einen Umfang von 26 cm. Berechne die Länge der Seiten a und b.

e) Ein Kreis hat einen Umfang von 53,4 cm. Bestimme den Radius des Kreises und berechne seinen Flächeninhalt.

f) Ein Kreis hat einen Flächeninhalt von 490,9 cm². Berechne den Radius, den Durchmesser und den Umfang des Kreises.

Aufgabe 3

Um die Entfernung zweier auf verschiedenen Seiten eines Flusses liegender Punkte P und Q berechnen zu können, steckt man eine Standlinie $\overline{QR}$ auf einer Seite des Flusses ab. Danach visiert man den Punkt P von Q und R aus an und misst die Winkel, die die Visierlinien mit $\overline{QR}$ bilden. Berechne die Länge $\overline{PQ}$.

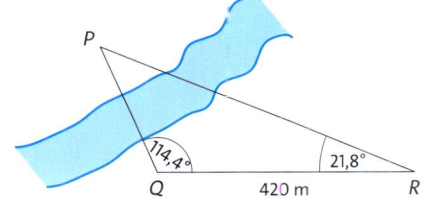

P

114,4°

21,8°

Q

420 m

R

Aufgabe 4

In der nebenstehenden Abbildung verlaufen die Geraden g und h parallel zueinander.
Sind die folgenden Aussagen richtig oder falsch? Begründe deine Meinung.

a) Winkel α hat eine Größe von 73°.

b) Winkel β hat eine Größe von 73°.

c) Winkel γ hat eine Größe von 61°.

d) Winkel δ hat eine Größe von 29°.

e) Winkel ε hat eine Größe von 44°.

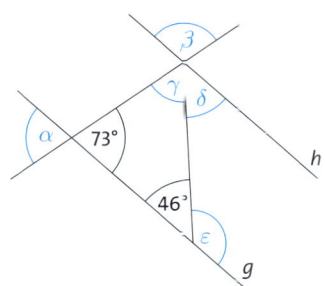

β

γ δ

α 73°

h

46°

ε

g

Aufgabe 5

Von einem rechteckigen Sportplatz ABCD sind die Diagonale $\overline{AC}$ = 125 m und die Seite $\overline{BC}$ = 75 m bekannt.

a) Zeichne zuerst eine Skizze und konstruiere danach das Rechteck ABCD im Maßstab 1:1000 aus den gegebenen Werten.

b) Berechne die Länge der Rechteckseite $\overline{AB}$.

c) Der rechteckige Sportplatz soll mit einem hohen Zaun eingezäunt werden. Alle 5 Meter werden dafür Zaunpfeiler benötigt.
Wie viele Zaunpfeiler sind zu setzen?

d) Gib den Flächeninhalt des rechteckigen Sportplatzes an.

e) Ein anderer Sportplatz hat den gleichen Flächeninhalt, ist jedoch quadratisch. Welche Seitenlänge hat er?

Aufgabe 6

Die Karte zeigt das Land Niedersachsen im Maßstab 1:2 000 000, d. h., eine Strecke von einem Zentimeter auf der Karte ist in der Realität 20 km lang.

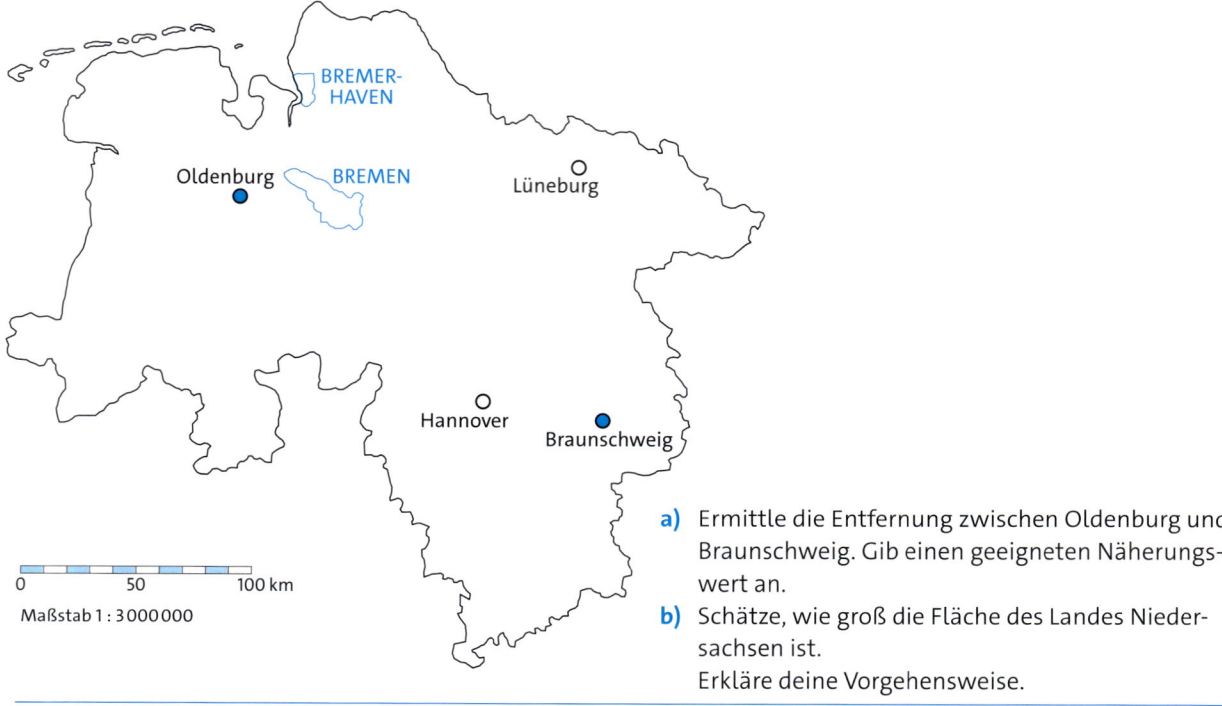

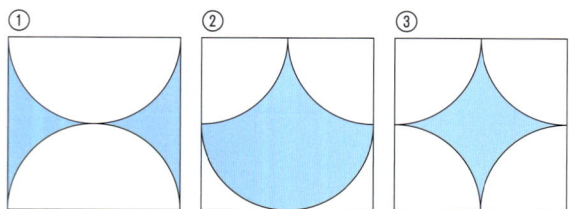

0   50   100 km

Maßstab 1:3 000 000

a) Ermittle die Entfernung zwischen Oldenburg und Braunschweig. Gib einen geeigneten Näherungswert an.

b) Schätze, wie groß die Fläche des Landes Niedersachsen ist.
Erkläre deine Vorgehensweise.

Aufgabe 7

Die Figuren entstanden aus Quadraten mit der Seitenlänge a und Kreisen, deren Durchmesser d so lang wie a ist.

① ② ③

a) Zeichne die Figuren. Beginne jeweils mit einem Quadrat mit 1 dm langen Seiten.

b) Ermittle den Flächeninhalt des blauen Anteils in jeder Figur, wenn der Durchmesser d = 1 dm und die Seitenlänge a = 1 dm betragen.

c) Ermittle die Umfänge der blauen Flächen in Bild (1) und (3), wenn d = 1 dm und a = 1 dm.

d) Wie viel Prozent vom Flächeninhalt des jeweiligen Quadrates sind blau gefärbt?

Aufgabe 8

In einem Wald liegen drei Förstereien A, B und C. Von Försterei A führt ein 4,8 km langer Weg zu Försterei B, und von Försterei A führt ein 5,7 km langer Weg zu Försterei C. Beide Wege bilden einen Winkel von 99°. Die Förstereien B und C sollen durch einen geradlinigen Waldweg verbunden werden.

a) Wie lang ist der Waldweg?

b) Unter welchen Winkeln muss mit dem Bau in Försterei B bzw. C begonnen werden?

Aufgabe 9

Eine Gemeinde bietet die Grundstücke A, B, ..., F zum Kauf an.

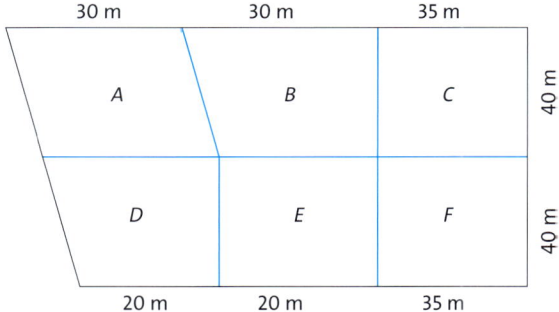

a) Berechne die Flächeninhalte der Grundstücke.

b) Der Grundstückspreis liegt bei 130,00 € pro m². Familie Meier kann maximal 150 000,00 € für ihr Grundstück zahlen. Welche Flächen könnte sie sich kaufen?

c) Die Besitzer von Grundstück A möchten dieses vollständig einzäunen und ein 3 m breites Tor einbauen. Wie viel Meter Zaun werden dafür benötigt?

d) Rechts von Grundstück C und F liegt ein 80 m langes Grundstück mit einem Flächeninhalt von 1400 m². Wie breit ist es?

Aufgabe 10

Eine Fläche von 200 m mal 400 m wird neu geordnet. Die Tabelle gibt die dadurch auftretenden Kosten an.

	zu Erholungsfläche	zu Landwirtschaftsfläche	zu Industriefläche
von Erholungsfläche	–	25,00 € pro m²	20,00 € pro m²
von Landwirtschaftsfläche	20,00 € pro m²	–	15,00 € pro m²
von Industriefläche	40,00 € pro m²	35,00 € pro m²	–

a) Bestimme jeweils für die alte (linke) und für die neue (rechte) Einteilung die Größe der Erholungsfläche, der Industriefläche und der Landwirtschaftsfläche. Gib jeweils den Anteil von der Gesamtfläche in Prozent an.

b) Zeichne eine „Kostenkarte". Trage dazu die alte sowie die neue Art der Flächennutzung und die jeweils entstehenden Kosten in ein maßstäblich gezeichnetes Rechteck ein.

c) Wie groß ist die Fläche, auf der es keine Nutzungsänderungen gibt?

d) Bestimme die Größe der Fläche, die von einer Erholungsfläche zu einer Industriefläche umgewandelt wird.

e) Überlege, wie mithilfe einer Tabelle die einzelnen Nutzungsänderungen in Quadratmeter übersichtlich angegeben werden können. Entwirf eine geeignete Tabelle.

f) Berechne die Gesamtkosten der Neuordnung.

g) Finde eine preisgünstigere Möglichkeit der Umstrukturierung. Beachte die gegebenen Flächengrößen.

Geometrie im Raum

Geometrische Körper werden oft zum Beschreiben realer Körper genutzt. Eine Litfaßsäule und eine Konservendose können z. B. vereinfacht als Zylinder aufgefasst werden. Bei der Berechnung des Oberflächeninhalts und des Volumens können Formeln angewandt werden. Die benötigten Formeln stehen im Tafelwerk.

Tests zu den Grundfertigkeiten

1 Gegeben ist ein Würfel mit einer Kantenlänge von 5 cm. Ermittle das Volumen V und den Oberflächeninhalt A_O des Würfels.

A $V = 25\,cm^3$ B $V = 125\,cm^3$

C $A_O = 100\,cm^2$ D $A_O = 150\,cm^2$

2 Ein Aquarium aus dünnem Spezialglas hat eine Länge a von 60 cm, eine Breite b von 50 cm und eine Höhe h von 30 cm. Das Aquarium wird bis zur Hälfte mit Wasser gefüllt. Wie viel Wasser enthält das Aquarium?

A $V = 45\,l$ B $V = 450\,l$

C $V = 4500\,cm^3$ D $V = 45000\,cm^3$

3 Das abgebildete Dreieck ist die Grundfläche eines 12 cm hohen Prismas. Bestimme das Volumen des Prismas.

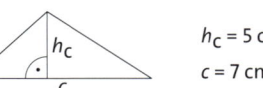

$h_c = 5\,cm$
$c = 7\,cm$

A $V = 420\,cm^3$ B $V = 420\,l$

C $V = 210\,cm^3$ D $V = 144\,cm^3$

4 Berechne das Volumen V eines geraden Kegels mit der Höhe $h = 4\,cm$ und dem Radius $r = 5\,cm$.

A $V \approx 314{,}2\,cm^3$ B $V \approx 104{,}7\,cm^3$

C $V \approx 83{,}8\,cm^3$ D $V \approx 62{,}8\,cm^3$

5 Welcher der folgenden Körper hat das größte Volumen?

A Kegel mit $r = 4\,cm$ und $h = 4\,cm$

B Kugel mit $d = 4\,cm$

C Zylinder mit $d = 4\,cm$ und $h = 4\,cm$

D quadratische Pyramide mit $a = 4\,cm$ und $h = 4\,cm$

6 Welcher der folgenden Körper hat den geringsten Oberflächeninhalt A_O?

A Würfel mit der Kantenlänge $a = 6\,cm$

B Quader mit den Kantenlängen $a = 5\,cm$, $b = 6\,cm$ und $c = 7\,cm$

C Zylinder mit $r = 3\,cm$ und $h = 6\,cm$

D Kugel mit $r = 4\,cm$

7 Berechne den Flächeninhalt A_M des Mantels eines geraden Zylinders mit dem Radius r von 2 cm und der Höhe h von 8 cm.

A $A_M \approx 32{,}00\,cm^2$ B $A_M \approx 100{,}53\,cm^2$

C $A_M \approx 45{,}36\,cm^2$ D $A_M \approx 120{,}78\,cm^2$

8 Berechne die Körperhöhe h eines Kegels mit $r = 5\,cm$ und einem Volumen von $261{,}8\,cm^3$.

A $h = 1\,cm$ B $h = 5\,cm$

C $h = 8\,cm$ D $h = 10\,cm$

9 Ermittle den Oberflächeninhalt A_O und das Volumen V des Körpers. Er wurde aus $1\,cm^3$ großen Würfeln zusammengesetzt.

A $V = 24\,cm^3$ B $V = 25\,cm^3$

C $A_O = 54\,cm^2$ D $A_O = 52\,cm^2$

10 Mit welcher Zahl muss man das Volumen einer Kugel multiplizieren, um das Volumen einer Kugel mit doppeltem Radius zu erhalten?

A 2 B 4

C 6 D 8

8 bis 10 Aufgaben sind richtig. Deine Grundfertigkeiten sind gut.
6 bis 7 Aufgaben sind richtig. Deine Grundfertigkeiten sind befriedigend.
Weniger als 6 Aufgaben sind richtig. Deine Grundfertigkeiten sind noch nicht ausreichend.

Aufgaben zum Trainieren

Aufgabe 1

Berechne das Volumen V und den Oberflächeninhalt A_O der folgenden Körper.

a) Würfel mit Kantenlänge $a = 12\,cm$

b) Quader mit Kantenlängen $a = 10\,cm$, $b = 15\,cm$ und $c = 2\,dm$

c) 15 cm hohes Prisma mit einem rechtwinkligen Dreieck als Grundfläche und den Seitenlängen $a = 6\,cm$, $b = 8\,cm$ und $c = 10\,cm$

d) Kugel mit dem Radius $r = 9\,cm$

e) 15 cm hohe Pyramide mit einer quadratischen Grundfläche und $a = 10\,cm$

f) 12 cm hoher Kegel mit $r = 9\,cm$

g) 18 cm hoher Zylinder mit $r = 4\,cm$

Aufgabe 2

Berechne das Volumen V und den Oberflächeninhalt A_O der folgenden Körper.

a)   b)   c)   d)

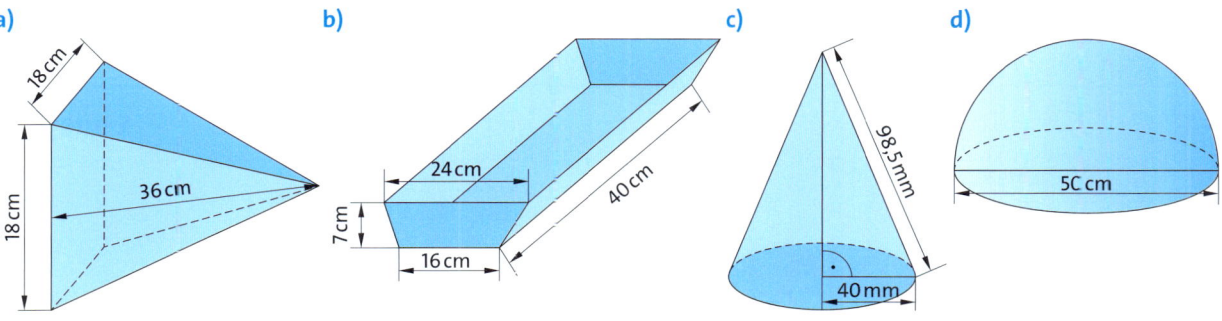

Aufgabe 3

Löse die folgenden Aufgaben.

a) Ein Würfel hat ein Volumen von $4913\,cm^3$. Berechne die Kantenlänge des Würfels.

b) Ein Würfel hat einen Oberflächeninhalt von $3456\,cm^2$. Berechne die Kantenlänge des Würfels.

c) Ein Quader ist 12 cm lang und 8 cm breit. Er besitzt einen Oberflächeninhalt von $792\,cm^2$. Berechne die Höhe des Quaders.

d) Eine Kugel besitzt einen Oberflächeninhalt von $15393,8\,cm^2$. Berechne den Radius der Kugel.

e) Eine quadratische Pyramide, deren Grundfläche 17 m lang ist, hat ein Volumen von $2023\,m^3$. Berechne die Höhe der Pyramide

f) Ein 18 cm hoher Zylinder hat ein Volumen von $9556,7\,cm^3$. Berechne den Radius des Zylinders.

g) Ein Kegel besitzt einen Radius von 7 cm. Die Mantelfläche ist $305,7\,cm^2$ groß. Bestimme zunächst die Länge der Mantellinie s und dann die Höhe des Kegels.

Aufgabe 4

Der Querschnitt eines geraden, 250 m langen Grabens ist gegeben.

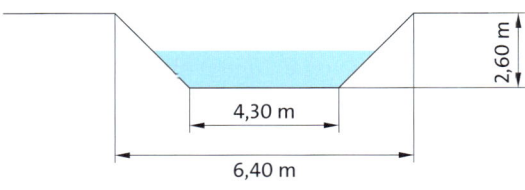

a) Ermittle, wie viel Liter Wasser der Graben höchstens fassen kann.

b) In einem heißen Sommer sinkt der Wasserspiegel bis zur Hälfte der Höhe des Grabens. Wie viel Wasser kann er dann noch aufnehmen?

Aufgabe 5

Gegeben sind Skizzen zusammengesetzter gerader Körper mit entsprechenden Maßangaben.

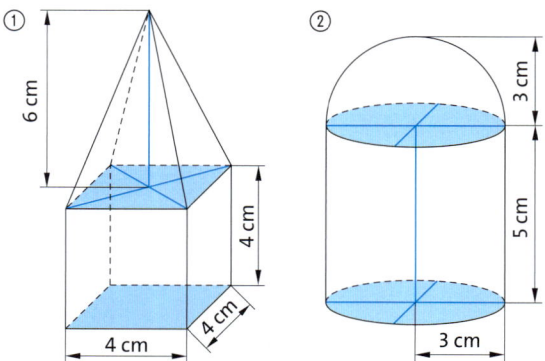

a) Die parallelen Flächen beim Körper ① sind Quadrate. Die parallelen Flächen beim Körper ② sind Kreise. Aus welchen Grundkörpern bestehen sie?

b) Berechne die Volumina der zusammengesetzten Körper. Bestimme dazu jeweils zuerst die Volumina von zwei Teilkörpern.

c) Berechne den Oberflächeninhalt des zweiten zusammengesetzten Körpers.
Bestimme dazu zuerst die Flächeninhalte aller Begrenzungsflächen.

Aufgabe 6

Berechne das Volumen der folgenden Körper.

a)

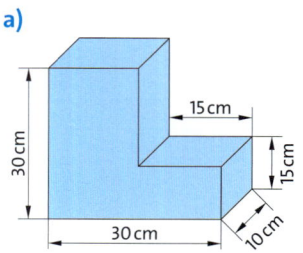

b)

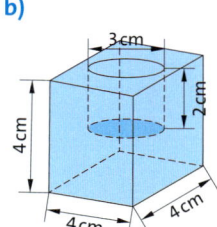

c)

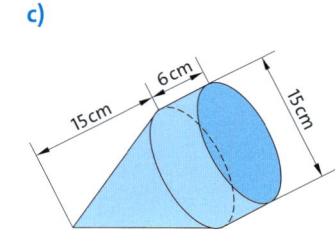

d)

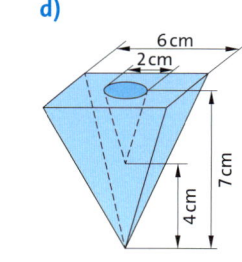

Aufgabe 7

Die Cheops-Pyramide ist die älteste der drei Pyramiden von Gizeh und die höchste Pyramide der Welt. Ursprünglich war sie 280 Königsellen (1 Königselle ≈ 52,3 cm) hoch. Die quadratische Grundfläche maß 440 mal 440 Königsellen.
Heute ist die Cheops-Pyramide etwa 138,50 m hoch und hat eine Grundfläche von 225 m mal 225 m.

a) Zeichne Schrägbilder der ursprünglichen und heutigen Cheops-Pyramide im Maßstab 1 : 2000.

b) Bestimme das Volumen der ursprünglichen und der heutigen Cheops-Pyramide.

c) Wie viel Gestein ist seit dem Bau vor ca. 4600 Jahren verwittert?

d) Ein Internetlexikon gibt das ursprüngliche Gesamtvolumen der Pyramide nach Abzug der Hohlräume mit 2,5 Mio. m^3 und die ursprüngliche Mantelfläche mit 85 500 m^2 an.
Ist das möglich? Wie groß sind demnach die Hohlräume?

Aufgabe 8

Löse folgende Aufgaben mithilfe geeigneter Skizzen.

a) Eine gerade Pyramide hat als Grundfläche ein Quadrat mit 60 mm langen Kanten. Sie ist 1 dm hoch. Berechne das Volumen V und den Oberflächeninhalt A_O der Pyramide.

b) Ein gerader Zylinder ist 27 cm hoch. Die Grundfläche hat einen Durchmesser von 12 cm. Berechne das Volumen V und den Oberflächeninhalt A_O des Körpers.

c) Eine oben offene zylindrische Regentonne aus grünem Plastik fasst insgesamt 400 Liter Wasser. Sie hat einen Durchmesser von 80 cm. Wie hoch ist die Tonne?

d) Eine Schokoladenkugel hat einen Innendurchmesser von 25 mm. Sie ist zur Hälfte mit Marzipan gefüllt. Welches Volumen nimmt die Marzipanfüllung ein?

e) Ein Fußball hat einen Radius von 11 cm. Wie viel Quadratzentimeter Leder braucht man mindestens zur Herstellung des Balls?
Warum ist es schwer, dafür einen genauen Wert anzugeben?

f) Ein rechtwinkliges Dreieck mit a = 5 cm, b = 3 cm und c = 4 cm rotiert jeweils um eine Kathete. Berechne die Volumina der Rotationskörper.

Aufgabe 9

Ein Blumenkübel aus Beton hat die Form eines geraden Kreiszylinders mit einem Außenradius von 30 cm und einer Höhe von 60 cm. Der für das Einbringen der Blumenerde vorgesehene Innenraum ist auch ein gerader Kreiszylinder. Die Wandstärke von Boden und Seitenwand beträgt 5 cm.

a) Mit wie viel Kubikmeter Erde ist der Blumenkübel vollständig ausgefüllt?
b) Berechne die Masse des leeren Kübels, wenn der
   verwendete Beton eine Dichte von $2,3 \frac{g}{cm^3}$ hat.

c) Damit er wasserdicht ist, soll ihm eine Schutzschicht aufgetragen werden. Für wie viel
   Quadratmeter muss diese reichen, damit
   12 Blumenkübel abgedichtet werden können?

Aufgabe 10

Ein Container ist innen 2,80 m lang, 2 m breit und 0,90 m hoch. Damit schnell abgeschätzt werden kann, wie viel Schutt enthalten ist, sollen Markierungen angebracht werden.

Schutthöhe in m	0	0,15	0,30	0,45	0,60	0,75	0,90
Volumen in m³							

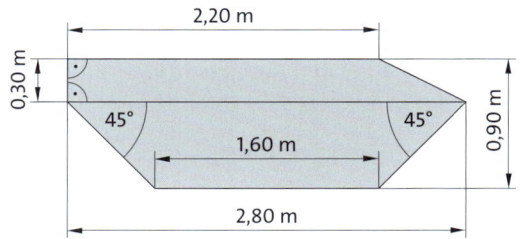

a) Ergänze die Wertetabelle.
b) Der Container ist bis zur halben Höhe mit Schutt
   gefüllt. Ist er jetzt auch „halb voll"?
   Begründe deine Meinung.
c) Fertige von dem Container eine Zeichnung in
   Kavalierperspektive (Schrägbild mit $\alpha = 45°$ und
   $q = \frac{1}{2}$) im Maßstab 1 : 25 an.

Aufgabe 11

Auf einer Internetseite stand zur abgebildeten Halle:
„Sie hat eine Grundfläche von 66 000 m². Mit einer Länge von 360 m, einer Breite von 210 m und einer Höhe von 107 m ist die Halle so groß, dass in ihr 8 Fußballfelder Platz finden."

a) Skizziere möglichst genau die Grundfläche der
   Halle.
   Beachte dabei die Angaben auf der Internetseite
   und das Foto.

b) Überprüfe mit deiner Skizze, ob tatsächlich acht
   Fußballfelder Platz in der Halle finden würden.
c) Beschreibe die Oberfläche der Halle möglichst
   präzise. Verwende geeignete Fachbegriffe.

Aufgabe 12

Ein gerades vierseitiges Prisma wurde durchbohrt.
Die Grundfläche des Prismas ist ein gleichschenkliges Trapez, dessen parallele Seiten 3 cm und 5 cm lang sind.
Das Trapez ist 3 cm hoch. Der Körper hat eine Höhe von 8 cm.
Die Bohrung hat einen Radius von 6 mm. Der Bohrer wurde im Schnittpunkt der Diagonalen angesetzt.

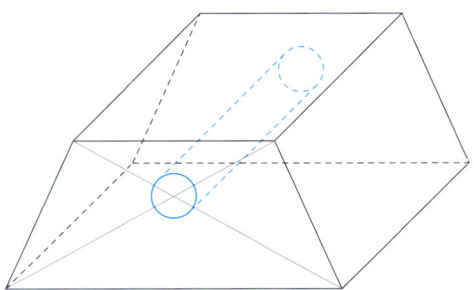

a) Berechne die Länge der Schenkel des Trapezes.
b) Bestimme jeweils die Abstände zwischen dem
   Rand des Bohrlochs und der nächstliegenden
   Ecke des Prismas.
c) Berechne den Oberflächeninhalt des Körpers.
   Berücksichtige dabei auch die Innenfläche der
   Bohrung.
d) Welche Masse hat ein derartiger Körper aus
   Stahl? Die Dichte beträgt 7,8 g pro cm³.

Beschreibende Statistik

Der Umgang mit Daten ist in zahlreichen Bereichen von großer Bedeutung, z. B. für Wetteraufzeichnungen, -auswertungen und -vorhersagen. Die Ergebnisse von Untersuchungen werden oft in Diagrammen veranschaulicht und mithilfe von Kennwerten wie beispielsweise dem arithmetischen Mittel beschrieben.

Tests zu den Grundfertigkeiten

1 In einer Schule wurden 144 Schülerinnen und Schüler befragt, wie sie morgens zur Schule gelangen.

Beförderungsmittel	Bus/ Bahn	Fahrrad/ Moped	zu Fuß
absolute Häufigkeit	36	18	90

a) Welche Diagramme könnten bei entsprechender Beschriftung den Sachverhalt darstellen?

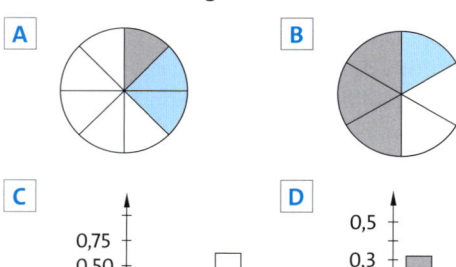

b) Gib die relative Häufigkeit der Schülerinnen und Schüler, die zu Fuß kommen, an.

A 62,5 % **B** 0,625 %

C $\frac{5}{6}$ **D** 90 %

2 In einem Zoo wiegen die Elefanten 1560 kg, 4500 kg, 2780 kg, 3400 kg, 2860 kg und 620 kg.

a) Die Spannweite beträgt …

A 620 kg **B** 2780 kg

C 3880 kg **D** 4500 kg

b) Das arithmetische Mittel der Datenreihe ist …

A 2560 kg **B** 2620 kg

C 2820 kg **D** 3880 kg

c) Der Median (oder Zentralwert) der Datenreihe ist …

A 2560 kg **B** 2620 kg

C 2820 kg **D** 3880 kg

3 Das arithmetische Mittel ist …

A die Differenz aus Maximum und Minimum

B der Wert, der in einer Datenmenge am häufigsten vorkommt

C der Quotient aus der Summe der betrachteten Zahlen und ihrer Anzahl

D der kleinste Wert einer Datenmenge

4 Welche der folgenden Aussagen zum rechts abgebildeten Boxplot sind korrekt?

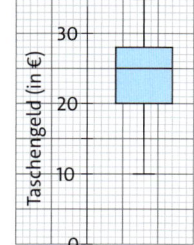

A Das arithmetische Mittel der Datenreihe ist 25 €.

B Das Maximum der Datenreihe ist 35 €.

C Der untere Viertelwert beträgt 20 €.

D 50 % der Befragten erhalten zwischen 20 € und 28 € Taschengeld.

5 Welche der Aussagen passen zur Darstellung?

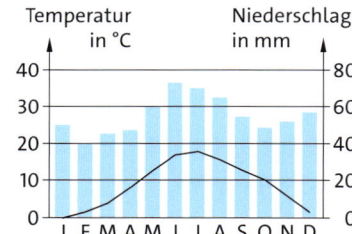

A Im Juni fällt durchschnittlich die höchste Jahresniederschlagsmenge in Hannover.

B Im Dezember fällt durchschnittlich die drittgrößte monatliche Jahresniederschlagsmenge.

C In Hannover beträgt die durchschnittliche Niederschlagsmenge pro Monat ca. 50 mm.

D In 5 Monaten eines Kalenderjahres liegt die Durchschnittstemperatur in Hannover über 10 °C.

7 bis 8 Aufgaben sind richtig. Deine Grundfertigkeiten sind gut.
5 bis 6 Aufgaben sind richtig. Deine Grundfertigkeiten sind befriedigend.
Weniger als 5 Aufgaben sind richtig. Deine Grundfertigkeiten sind noch nicht ausreichend.

Aufgaben zum Trainieren

Aufgabe 1

Bei einer Verkehrszählung wurde die Anzahl der Personen pro Pkw in einer Urliste erfasst.

1; 1; 2; 1; 2; 1; 1; 1; 2; 4; 1; 2; 3; 1; 2; 5; 2; 1; 1; 3; 4; 4; 1; 4; 1; 2; 5; 1; 2; 2; 2; 1; 1; 4; 1; 2; 1; 1; 1; 2; 2; 1; 1; 1; 2; 3; 4; 1; 2; 2

a) Lege eine Häufigkeitstabelle zur beobachteten Anzahl der Personen pro Pkw an. Trage die absoluten und die relativen Häufigkeiten ein.

b) Veranschauliche die Verteilung in einem Kreisdiagramm und in einem Säulendiagramm. Welcher Diagrammtyp erscheint dir zur Veranschaulichung geeigneter? Nenne einen Grund.

c) Wie viele Personen saßen durchschnittlich in einem Pkw?

d) Gib die Anzahl der Personen pro Pkw an, die am häufigsten auftrat.

e) Gib den Zentralwert (Median) der Anzahl der Personen pro Pkw an.

Aufgabe 2

Schülerinnen und Schüler wurden zu den monatlichen Kosten für Handys befragt.

Jungen: 19 €; 24 €; 11 €; 30 €; 13 €; 27 €; 25 €; 11 €
Mädchen: 12 €; 45 €; 15 €; 50 €; 10 €; 12 €; 15 €; 43 €; 5 €; 7 €; 42 €; 8 €

a) Bestimme für die aufgeführten Daten das arithmetische Mittel und die Spannweite.

b) Zeichne jeweils ein Boxplot für die angegebenen monatlichen Handykosten der Jungen und der Mädchen.

c) Gib den Minimalwert und den Maximalwert der Daten an.

d) Gib sieben mögliche Daten einer Datenreihe an, deren Median 5,00 € und deren arithmetisches Mittel 9,00 € ist.

Aufgabe 3

Hier siehst du drei Zeitungsauschnitte zum Thema Hauptschulen in Deutschland.

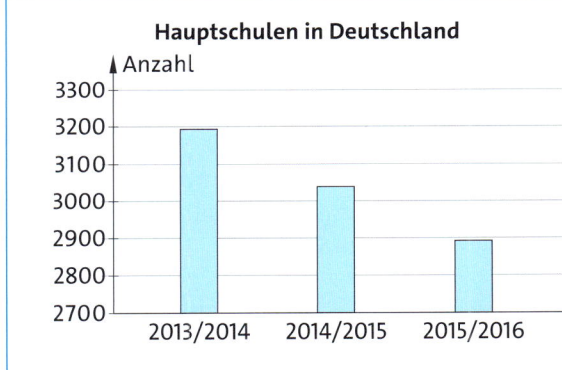

Hauptschulen in Deutschland

Anzahl Schüler an Hauptschulen

Schuljahr	2013/14	2014/15	2015/16
Anzahl Schüler	554.000	508.000	466.000

Hauptschulsterben in Deutschland
Die Hauptschulen in Deutschland sterben aus! Gab es im Schuljahr 2014/15 an deutschen Hauptschulen noch 28.114 Klassen, so waren es im Schuljahr 2015/16 nur noch 25.886 Klassen.

a) Wie viele Hauptschulen gab es im Schuljahr 2015/16 in Deutschland?

b) Beurteile die folgenden Aussagen:
- Die Anzahl der Klassen ist zwischen den Schuljahren 2014/15 und 2015/16 um ca. 8 % zurückgegangen.
- Die Anzahl der Hauptschulen hat sich zwischen den Schuljahren 2013/14 und 2015/16 mehr als halbiert.
- Im Schuljahr 2014/15 waren an Hauptschulen durchschnittlich 18 Schüler in einer Klasse.

c) Jan behauptet: „Im Schuljahr 2015/16 gab es an einer deutschen Hauptschule durchschnittlich 160 Schüler in neun Klassen."
Ist Jan's Aussage korrekt? Begründe.

d) Zeichne für die Anzahl der Schüler an Hauptschulen ein faires Säulendiagramm und eines, das ein sehr starkes Schrumpfen der Schüler an Hauptschulen vermittelt.

e) Überprüfe für die Schuljahre 2014/15 und 2015/16, ob die Anzahl der Hauptschüler, der Klassen und der Schüler im gleichen Maße zurückgehen.

Wahrscheinlichkeitsrechnung

Die Wahrscheinlichkeitsrechnung ist ein Gebiet der Mathematik, das in zahlreichen Anwendungsgebieten eine große Bedeutung besitzt. Sie befasst sich vor allen Dingen damit, das Zufällige, also das Unberechenbare, in gewisser Weise doch berechenbar zu machen.

Tests zu den Grundfertigkeiten

1 Um ein Sicherheitsschloss öffnen zu können, muss man eine Zahlenkombination aus den drei Zahlen 4, 5 oder 6 einstellen. Jede Zahl darf nur einmal eingestellt werden. Wie viele Möglichkeiten gibt es?

A 8   B 10

C 12   D 6

2 Herr Breese hat fünf Gäste. Alle begrüßen sich mit Handschlag. Wie oft werden die Hände gereicht, wenn man nur das Händeschütteln betrachtet?

A 12-mal   B 15-mal

C 24-mal   D 30-mal

3 Beim Basketball-Streetballturnier spielen in einer Gruppe jeweils 5 Mannschaften gegeneinander. Wie viele Spiele finden innerhalb einer Gruppe statt.

A 5 Spiele   B 10 Spiele

C 15 Spiele   D 20 Spiele

4 Ein Spielwürfel wird einmal geworfen. Mit welcher Wahrscheinlichkeit fällt eine Zahl, die kleiner als 5 ist?

A 4 %   B 5 %

C $\frac{2}{3}$ D $\frac{5}{6}$

5 In einem Korb mit 30 Eiern liegen 6 angeschlagene Eier. Mit welcher Wahrscheinlichkeit entnimmt man dem Korb beim einmaligen Ziehen ein ganzes Ei?

A $\frac{4}{5}$ B $\frac{6}{30}$

C 80 %   D $\frac{24}{30}$

6 Du hast vier Kärtchen mit den Ziffern 1, 5, 7 und 9. Du sollst alle möglichen Zahlen, die sich daraus legen lassen, notieren. Gib die richtige Anzahl aller Zahlenkombinationen an.

A 24   B 12

C 40   D 32

7 Für welche Ereignisse beim Würfeln mit einem Spielwürfel ist die Wahrscheinlichkeit $\frac{1}{3}$?

A 3 teilt die geworfene Augenzahl.

B 3 ist die geworfene Augenzahl.

C Die geworfene Augenzahl ist kleiner als 3.

D Die geworfene Augenzahl ist größer als 3.

8 In einer Urne befinden sich vier schwarze und sechs weiße Kugeln. Mit welcher Wahrscheinlichkeit zieht man bei zweimaligem Ziehen zwei weiße Kugeln?
- wenn die zuerst gezogene Kugel nicht zurückgelegt wird …

A $\frac{1}{4}$ B $\frac{1}{3}$

C $\frac{1}{2}$ D $\frac{11}{20}$

9 Zwei Spielwürfel werden gleichzeitig geworfen. Mit welcher Wahrscheinlichkeit zeigen beide Würfel zusammen 9 Augen?

A $\frac{2}{6}$ B $\frac{2}{36}$

C $\frac{4}{6}$ D $\frac{4}{36}$

10 Eine Münze wird zweimal hintereinander geworfen. Wie groß ist die Wahrscheinlichkeit, dass bei beiden Würfen „Zahl" oben liegt?

A $\frac{1}{4}$ B $\frac{2}{4}$

C $\frac{3}{4}$ D $\frac{1}{2}$

10 bis 12 Aufgaben sind richtig. Deine Grundfertigkeiten sind gut.
7 bis 9 Aufgaben sind richtig. Deine Grundfertigkeiten sind befriedigend.
Weniger als 9 Aufgaben sind richtig. Deine Grundfertigkeiten sind noch nicht ausreichend.

Aufgaben zum Trainieren

Aufgabe 1

Ein Glücksrad besteht aus zwei weißen und acht schwarzen Feldern. Alle Felder sind gleich groß. Es wird zweimal gedreht.

a) Zeichne ein passendes Baumdiagramm mit Wahrscheinlichkeiten an den Pfaden.

b) Berechne die Wahrscheinlichkeit dafür, dass beide Male auf ein schwarzes Feld gedreht wird.

c) Bestimme die Wahrscheinlichkeit dafür, dass erst auf ein weißes und dann auf ein schwarzes Feld gedreht wird.

d) Bestimme die Wahrscheinlichkeit dafür, dass die beiden gedrehten Farben gleich sind.

e) Wie verändern sich die Wahrscheinlichkeiten, wenn die Anzahl der weißen und schwarzen Felder verdoppelt wird?

f) Das Glücksrad soll 30 Felder enthalten. Wie viele Felder müssen weiß sein, wenn sich die Wahrscheinlichkeiten nicht verändern sollen?

Aufgabe 2

Aus der abgebildeten Urne mit schwarzen und blauen Kugeln werden willkürlich zwei Kugeln nacheinander entnommen.

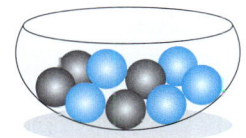

a) Mit welcher Wahrscheinlichkeit sind sie gleichfarbig, wenn die entnommene Kugel wieder zurückgelegt wird?

b) Mit welcher Wahrscheinlichkeit sind sie gleichfarbig, wenn die entnommene Kugel nicht zurückgelegt wird?

c) Mit welcher Wahrscheinlichkeit haben die Kugeln unterschiedliche Farben, wenn die entnommene Kugel wieder zurückgelegt wird?

d) In die Urne werden zusätzlich zwei weiße Kugeln gelegt. Mit welcher Wahrscheinlichkeit werden zwei verschiedenfarbige Kugeln genommen, wenn die erste Kugel nicht zurückgelegt wird?

Aufgabe 3

Ein regulärer Würfel wird 2-mal geworfen. Berechne die Wahrscheinlichkeiten für die folgenden Ereignisse.

a) Es wird zweimal eine 6 geworfen.

b) Es werden zwei gleiche Zahlen geworfen.

c) Die geworfene Augensumme beträgt mindestens 10.

d) Die geworfene Augensumme ist eine Primzahl.

e) Die Augenzahl im ersten Wurf ist kleiner als die im zweiten Wurf.

Aufgabe 4

Die Hämophilie A (umgangssprachlich: Bluterkrankheit) ist vererbbar. Das die Krankheit auslösende Gen liegt auf dem X-Chromosom. Die Wahrscheinlichkeit, dass dieses Chromosom vererbt wird, ist 0,5. Männer verfügen über ein XY-Chromosomenpaar und Frauen über ein XX-Chromosomenpaar. Das Chromosomenpaar des Kindes entsteht aus je einem Chromosom des Vaters und der Mutter.

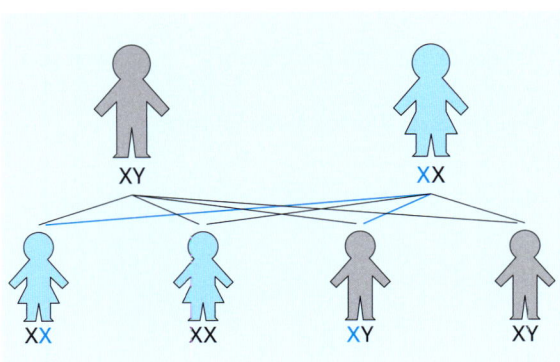

a) Eine Schwangere ist Trägerin genau eines defekten Gens. Der Vater ihres Kindes hat das die Krankheit auslösende Gen nicht. Mit welcher Wahrscheinlichkeit hat ihre Tochter das Gen?

b) Bestimme mithilfe von Baumdiagrammen, mit welcher Wahrscheinlichkeit Eltern, von denen mindestens einer Träger der Bluterkrankheit ist, einen Sohn bekommen, der Träger des defekten Chromosoms ist. Betrachte mehrere Fälle.

Gemischte Aufgaben

Dart

Darten erfreut sich immer größerer Beliebtheit.
Die folgende Abbildung zeigt die Abmessungen einer Darts-Scheibe (in mm).

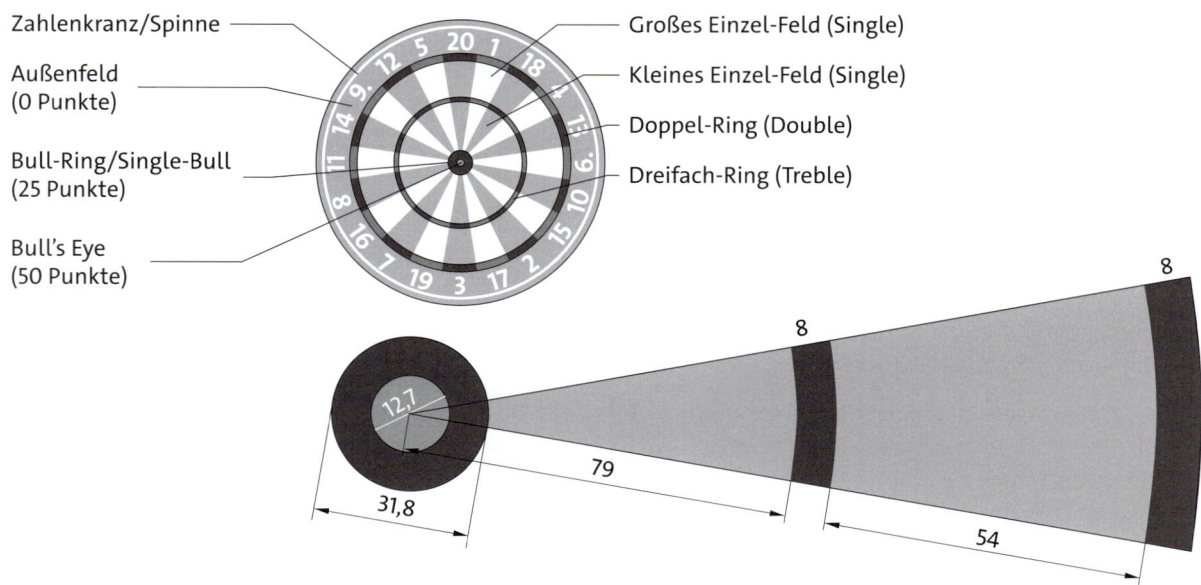

Bei der Weltmeisterschaft wird die Spielvariante „501" gespielt. Hierbei beginnt jeder Spieler mit 501 Punkten. Die Spieler werfen abwechselnd drei Pfeile auf die Scheibe. Nach jedem Wurf wird die Anzahl Punkte abgezogen, die mit dem Pfeil getroffen wurde. Hierbei zählen die Punkte im Doppel-Ring doppelt und die Punkte im Dreifach-Ring dreifach. Das Spiel gewinnt derjenige Spieler, der zuerst mit genau 0 Punkten abschließt, wobei das Spiel mit einem Treffer in den äußeren Doppel-Ring oder im Bull's Eye beendet werden muss.

a) Ein Profi beginnt das Spiel „501" mit einer Dreifach-20, einer Dreifach-19 und einer 20. Mit welchen der folgenden Rechnungen lässt sich der neue Punktestand bestimmen? Begründe deine Auswahl und korrigiere falsche Lösungen.
   (1) $501 - (3 \cdot 20 - 3 \cdot 19 - 20)$
   (2) $501 - 3 \cdot 20 + 19 - 20$
   (3) $501 - 4 \cdot 20 - 3 \cdot 19$

b) Ein 9-Darter ist das perfekte Spiel, d. h. der Spieler benötigt genau neun Darts, um das Spiel zu beenden. Finde mindestens eine Möglichkeit, das Spiel „501" mit neun Würfen zu beenden. Beachte, dass das Spiel mit einem Treffer im Doppel-Ring oder im Bull's Eye beendet werden muss.

c) Berechne den Flächeninhalt des Bull's Eye und des Bull-Rings.

d) Eine Dartscheibe hat einschließlich des Außenfeldes einen Umfang von 12,57 dm. Berechne den Durchmesser und den Radius einer Dartscheibe.

e) Ein Profi trifft das Bull's Eye bei 20 Würfen achtmal. Zeige, dass er das Feld mit einer Wahrscheinlichkeit von 40 % trifft.

f) Wie groß ist die Wahrscheinlichkeit, dass der Profi das Bull's Eye bei zwei Würfen zweimal trifft?

Pro Teilaufgabe sind 2 Punkte erreichbar. Gesamtpunktzahl: 12

Gotthard-Basistunnel

Der Gotthard-Basistunnel ist mit einer Länge von 57 km der längst Tunnel der Welt. Der Tunnel wurde überwiegend mit Tunnelbohrmaschinen errichtet, deren Bohrköpfe einen Durchmesser von 9,5 m besitzen. Täglich fahren 260 Güterzüge und 65 Passagierzüge durch die beiden Röhren des Tunnels.

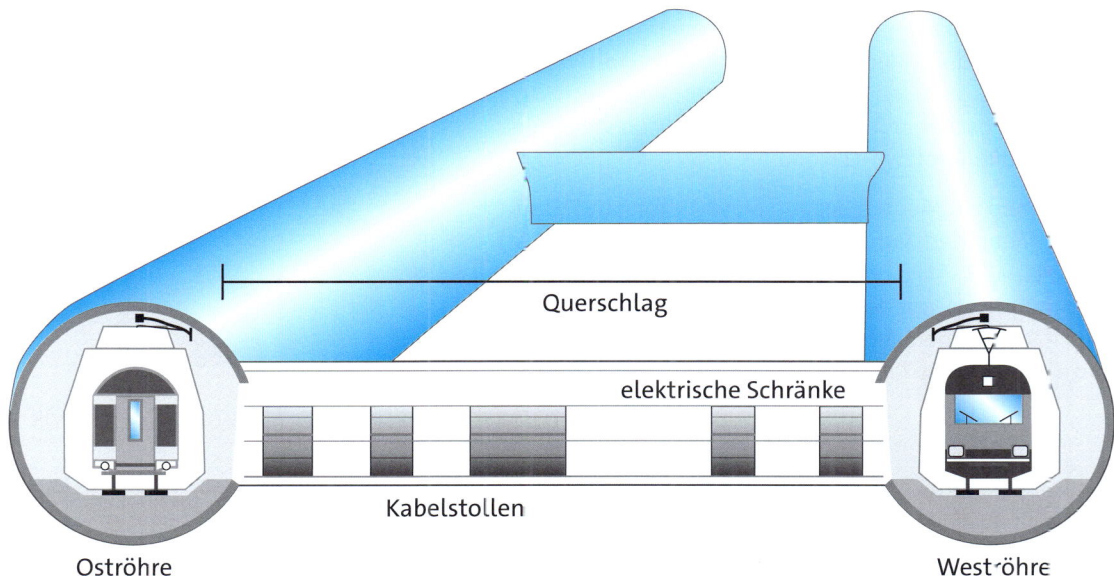

a) Bis zur Eröffnung des Gotthard-Basistunnels war der 53,8 km lange Seikan-Eisenbahntunnel zwischen den japanischen Hauptinseln Hokkaido und Honshu der längste Tunnel der Welt. Um wie viel Prozent konnte der alte Tunnelweltrekord gesteigert werden?

b) 85,5 km der Hauptröhren wurden innerhalb von acht Jahren mit insgesamt vier Tunnelbohrmaschinen (die sich aufeinander zu bewegten) aus dem Berg gebrochen. Zeige durch Rechnung, dass dies einer durchschnittlichen Vortriebsleistung von ca. 7,3 m pro Tag und Tunnelbohrmaschine entspricht.

c) Güterzüge erreichen im Gotthard-Basistunnel eine Durchschnittsgeschwindigkeit von bis zu 160 km/h. Wie lange benötigt ein Güterzug, um den Gotthard-Basistunnel zu durchfahren?

d) Passagierzüge benötigen ca. 15 Minuten, um den Gotthard-Basistunnel zu durchfahren. Mit welcher Geschwindigkeit sind die Passagierzüge durchschnittlich unterwegs?

e) Für die Querschläge, die einen Durchmesser von 5 m besitzen und die Ost- mit der Weströhre verbinden, wurden jeweils 785 m³ Material aus dem Berg gebrochen. Wie lang sind die Querschläge?

Die ursprünglich 146,6 m hohe Cheops-Pyramide hatte ursprünglich ein Volumen von 2,6 Millionen Kubikmetern.

f) Berechne die Seitenlänge der quadratischen Grundfläche der Cheops-Pyramide.

g) Mathis behauptet: „Für eine Hauptröhre wurde viel mehr Material aus dem Berg gebrochen als für den Bau der Cheops-Pyramide." Überprüfe, ob die Aussage von Mathis richtig ist.

Pro Teilaufgabe sind 2 Punkte erreichbar. Gesamtpunktzahl: 14

Ice Bucket Challenge

Die „Ice Bucket Challenge" war eine als Spendenkampagne gedachte Aktion, mit der auf die Nervenkrankheit ALS aufmerksam gemacht werden sollte. Die Idee der „Ice Bucket Challenge" ist denkbar einfach: Die Herausforderung besteht darin, sich einen Eimer mit eiskaltem Wasser über den Kopf zu gießen und danach drei Personen zu nominieren, die es einem binnen 24 Stunden gleich tun. Zudem sollten die Nominierten Geld an die ALS Association spenden. Weltweit übergossen sich Tausende von Menschen mit Eiswasser und stellten Videos der Aktionen in sozialen Netzwerken ein.

a) Angenommen ein Mensch begann diese Aktion am 31. Juli. Wie viele Menschen wurden für den 01. August (02. August) nominiert?

b) Gib einen Term an, mit dem sich die Anzahl der Nominierten für den x. August berechnen lässt.

c) Ergänze die folgende Tabelle:

Tag	31. 07.	01. 08.	02. 08.	03. 08.	04. 08.	05. 08.	06. 08.	07. 08.	08. 08.
Teilnehmer am Tag	1	3							
Teilnehmer insgesamt (seit dem 31. 07.)	1	4	13						9841

d) Jan hat die Tabelle aus Aufgabenteil c) mit Hilfe eines Tabellenkalkulationsprogramms erstellt.

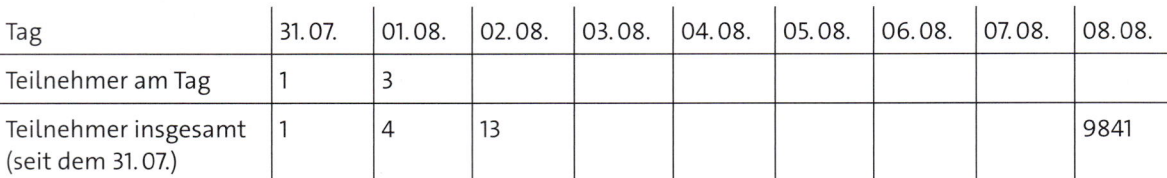

◇	A	B	C	D
1	Datum	Tag	Teilnehmer am Tag	Teilnehmer insgesamt
2	31.07.	0	1	1
3	01.08.	1	3	4
4	02.08.	2	9	13
5	03.08.	3	27	40

In welcher Zelle steht die Formel „= D3 + C4"?
Welche Formel kann in der Zelle C5 stehen?

e) Stelle die Zuordnung *Tag → Teilnehmer am Tag* in einem Funktionsgraphen dar ($0 \leq x \leq 8$).

f) An welchem Tag nahmen 59 049 Personen an der „Ice Bucket Challenge" teil? Schätze zunächst und berechne dann.

g) Auf der Erde leben etwa 7,4 Milliarden Menschen. Zeige, dass theoretisch am 21. 08. die letzten Menschen an dieser Aktion teilnahmen.

h) Unter welchen Voraussetzungen ist das hier verwendete mathematische Modell korrekt?

Pro Teilaufgabe sind 2 Punkte erreichbar. Gesamtpunktzahl: 16

Riesenrad

Seit der Eröffnung im Jahr 2014 gilt der „Las Vegas High Roller", der eine Höhe von fast 168 m und einen Durchmesser von 158,5 m besitzt, als größtes Riesenrad der Welt. Der „Las Vegas High Roller" hat insgesamt 28 Gondeln, die 1120 Menschen gleichzeitig Platz bieten. Für eine Umrundung benötigt das Rad etwa eine halbe Stunde. Der „Las Vegas High Roller" löst den „Singapore Flyer" als weltweit größtes Riesenrad ab. Der „Singapore Flyer" besitzt einen Radumfang von 471 m und dreht sich mit einer Geschwindigkeit von 0,76 km/h.

a) Was wird mit dem Term 1120 : 28 berechnet?

b) Melissa behauptet: „Wenn das Riesenrad an einem Tag 15 Stunden in Betrieb ist, können an diesem Tag bis zu 16 800 Personen das Riesenrad benutzen." Ist Melissas Behauptung richtig oder falsch? Begründe deine Meinung.

c) Berechne den Radumfang des „Las Vegas High Roller".

d) Bestimme die Geschwindigkeit, mit der sich das Rad des „Las Vegas High Roller" dreht.

e) Berechne den Durchmesser des „Singapore Flyer"

f) Wie lange benötigt der „Singapore Flyer" für eine Umrundung.

g) Der Hoover Damm liegt etwa 40 km von Las Vegas entfernt. Ist es möglich, dass man ihn aus einer Gondel vom höchsten Punkt des „Las Vegas High Roller" sehen kann? Nutze zur Berechnung die folgende Abbildung. Erkläre zunächst die in der Abbildung angegebenen Größen.

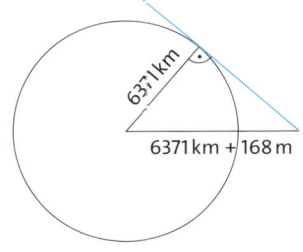

6371 km + 168 m

Pro Teilaufgabe sind 2 Punkte erreichbar. Gesamtpunktzahl: 14

51

Erstes Prüfungsbeispiel

Prüfungsteil 1: Allgemeiner Teil

1. Berechne

   a) $47{,}8 + 168{,}7 =$ _____   **b)** $259{,}8 : 8 =$ _____   **c)** $\frac{5}{6} : 0{,}25 =$ _____   **d)** $\frac{4}{5} - \frac{11}{15} =$ _____

2. Ordne die Zahlen der Größe nach. Beginne mit der kleinsten Zahl.

   $\frac{5}{6}; \ 1{,}3; \ \frac{11}{10}; \ \sqrt{0{,}36}; \ -\frac{13}{10}$

3. Tim, Pia, Thomas und Jenny teilen sich eine Torte mit 16 Stücken. Tim nimmt sich $\frac{3}{8}$, Pia isst $\frac{1}{4}$ und Thomas hat bereits $\frac{6}{32}$ gegessen. Wie viele Stücke der Torte bleiben für Jenny übrig?

4. Ein LKW-Fahrer fährt durchschnittlich 80 km/h bei einer Strecke von 2400 km.
   a) Berechne die Zeit, die der LKW-Fahrer für die „reine Fahrtstrecke" benötigt.
   b) Wie lange braucht der Fahrer, wenn er alle 8 Stunden eine Ruhepause von 6 Stunden einlegen muss?
   c) Wie viel Liter Benzin benötigt der LKW für die Strecke bei einem Verbrauch von 65 Litern auf 100 km?

5. Berechne den Umfang und den Flächeninhalt der abgebildeten zusammengesetzten Fläche (Angaben in cm).

6. Wenn man von 100,00 kg 10 % berechnet und anschließend 5 % von dem Ergebnis ermitteln möchte, hat man wie viel Kilogramm?

7. Die abgebildeten Gefäße werden gleichmäßig mit Flüssigkeit gefüllt.
Ordne jedem Gefäß den Graphen zu, der dessen Füllvorgang zutreffend beschreibt und begründe deine Entscheidung kurz.

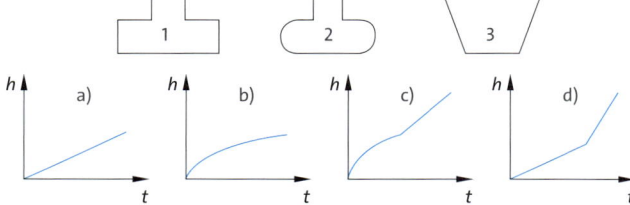

8. Entscheide und kreuze an, ob es sich um eine proportionale oder eine antiproportionale Zuordnung handelt:

Beispiel	proportional	anti-proportional
30 Liter kosten 45 €. Wie viel kosten 50 Liter und wie viel 8 Liter? Wie viele Liter bekommt man für 9 €?		
Um einen Teich auszupumpen benötigen 3 Pumpen 200 Minuten. Wie lange benötigen dann 4 Pumpen?		
Für 40 km benötigt Annika 3 Stunden. Wie lange benötigt sie für 50 km?		
5 Hamburger kosten 15 €. Wie viele Hamburger bekommt man für 27 €?		

9. Ergänze die fehlenden Winkelwerte. (Achtung: Die Skizze ist <u>nicht</u> maßstabsgetreu!)

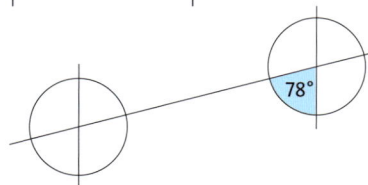

10. Eine Münze wird zweimal geworfen. Die Wahrscheinlichkeit für: „Mindestens einmal Wappen" entspricht 100 %. Begründe die Aussage.

11. Stelle als Gleichung dar. (Ohne zu berechnen!)
   a) s ist viermal so groß, wie die Summe aus drei weiteren unbekannten Zahlen.
   b) Der dritte Teil von x addiert mit dem sechsten Teil von y ist genauso groß wie die Differenz aus dem Doppelten von x und dem Vierfachen von y.

Pro Aufgabe sind folgende Punkte erreichbar: 1) je 1, 2) 2, 3) 2, 4) je 2, 5) 3, 6) 2, 7) 2, 8) 2, 9) 2, 10) 1, 11) je 1. Gesamtpunktzahl: 28

Prüfungsteil 2: Pflichtteil

1. **a)** Berechne das Volumen des weißen Rauminhalts.
   b) Wie viel Quadratmeter Geschenkpapier benötigt man, um die Pyramide damit einzupacken?

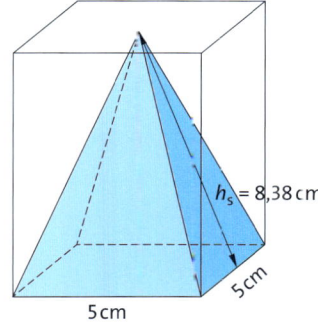

2. Für die Renovierung seines Hauses bekommt Herr Geizig folgenden Kosten-voranschlag:
   Putzarbeiten: 6850 €
   Fliesenarbeiten: 5500 €
   Malerarbeiten: 2150 €
   Berechne die Endsumme, die Herr Geizig bezahlen muss, wenn
   a) die Firma ihm einen Nachlass von 15 % für Eigentätigkeit gibt.
   b) er auf die Restsumme 19 % Mehrwertsteuer bezahlen muss.

3. Löse das angegebene Gleichungssystem.
   I $\quad -28 - 5x = 6y$
   II $\quad 5x + 3y = -19$

4. Berechne den Umfang eines 18-Ecks mit dem Radius 6 cm.

5. Eine Urne enthält 2 rote, 3 blaue und 5 gelbe Kugeln. Nacheinander werden zwei Kugeln mit Zurücklegen genommen. Zeichne das Baumdiagramm und bestimme die Wahrscheinlichkeit für folgendes Ereignis:
   Die zweite Kugel ist rot oder blau.

6. Ein neuer Handytarif der Firma O_3 hat folgende Angaben: Grundgebühr monatlich 5,00 € und Telefoneinhei-ten pro Minute 0,10 €.
   a) Stelle die Funktionsgleichung für den Handytarif auf.
   b) Zeichne die Funktion des Handytarifs.
   c) Wie viel bezahlst du im Monat, wenn du monatlich 120 Minuten, 480 Minuten oder 1180 Minuten telefonierst?

7. Aus der Klasse 10 a haben 10 Schüler ihre Bewerbungskosten des letzten Monats angegeben.
   15 €; 27 €; 39 €; 45 €; 19 €; 31 €; 54 €; 22 €; 30 €; 49 €
   a) Berechne, wie viel Euro im Schnitt ausgegeben wurden, und nenne Minimum und Maximum.
   b) Veranschauliche die Daten in einem Boxplot.

8. $x^2 + 2x + 0{,}725 = 0$

Pro Aufgabe sind folgende Punkte erreichbar: 1) je 3, 2) 3+2, 3) 3, 4) 4, 5) 4, 6) 1+2+3, 7) 3+2, 8) 3. Gesamtpunktzahl: 36

Prüfungsteil 3: Wahlaufgabe 1

Pizza

Zur Neueröffnung der Pizzeria „Bella Italia" lässt der Besitzer seine Besucher am Glücksrad drehen.

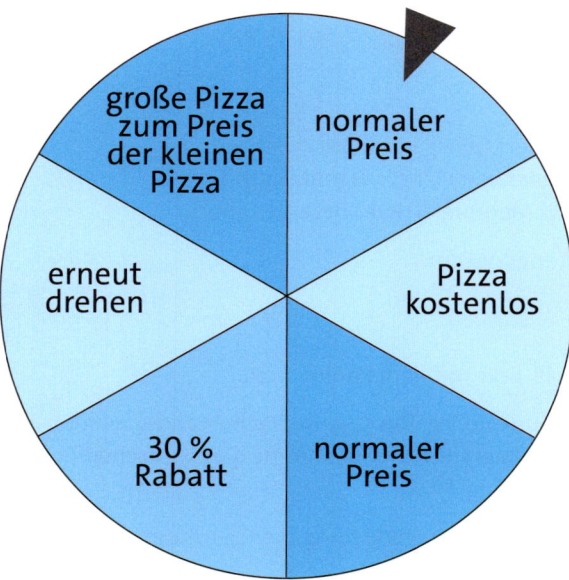

1. Herr Wagner dreht am Glücksrad.
   Wie groß ist die Wahrscheinlichkeit, dass er beim ersten Drehen das Feld „Pizza kostenlos" trifft?

2. Frau Wagner dreht erst auf das Feld „erneut drehen" und dann das Feld „30 % Rabatt".
   Bestimme die Wahrscheinlichkeit für dieses Ereignis.

3. Frau Wagner meint, dass die Wahrscheinlichkeit, den normalen Preis zahlen zu müssen, bei 50 % liegt.
   Ist die Aussage von Frau Wagner richtig? Begründe.

4. Frau Wagner wählt eine kleine Pizza „Tonno". Die kleine Pizza hat einen Durchmesser von 24 cm.
   Zeige, dass die Pizza eine Fläche von etwa 452 cm² besitzt.

Pro Aufgabe sind folgende Punkte erreichbar: 1) 2, 2) 3, 3) 3, 4) 2. Gesamtpunktzahl: 10

Prüfungsteil 3: Wahlaufgabe 2

Mensa

An einer Ganztagsschule gibt es eine Mensa, in die viele der Schülerinnen und Schüler im Laufe des Tages zum Essen kommen. 55 % aller Kinder der Schule sind Mädchen. 72 % der Mädchen besuchen mittags die Mensa. Bei den Jungen sieht das anders aus. Hier besuchen lediglich 35 % die Mensa.

1. Vervollständige das Baumdiagramm, berechne alle fehlenden Anteile und trage sie entsprechend ein.

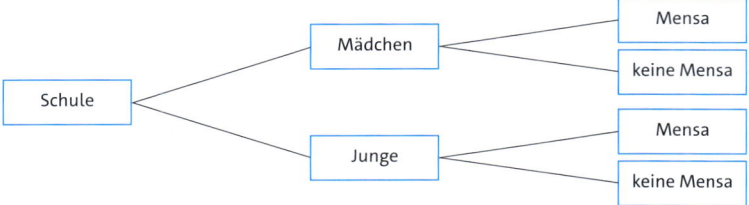

2. Aus der Schülerschaft wird zufällig eine Person ausgewählt. Wie groß ist die Wahrscheinlichkeit, dass es sich um ...
    a) ... ein Mädchen handelt, das in die Mensa geht?
    b) ... einen Jungen handelt?
    c) ... ein Kind handelt, das in die Mensa geht?

3. In die Schule gehen 1250 Kinder.
    a) Wie viele Jungen gehen in die Mensa?
    b) Wie viele Mädchen sind auf der Schule?
    c) Wie viele Kinder gehen nicht in die Mensa?

4. In einer anderen Schule wird die Mensa auch gut besucht. Hier ergibt sich die folgende Verteilung:

	Junge	Mädchen	gesamt
Mensa	34,31 %		
keine Mensa		24,91 %	37,6 %
gesamt	47 %		100 %

Ergänze in der Tabelle die fehlenden Werte.

Zweites Prüfungsbeispiel

Prüfungsteil 1: Allgemeiner Teil

1. Berechne

   a) $1586 - 478{,}9 =$ _____

   b) $8{,}6 \cdot 2{,}5 =$ _____

   c) $\frac{8}{9} : \frac{4}{3} =$ _____

   d) $2\frac{3}{5} - \frac{8}{10} =$ _____

2. Entscheide: größer als, kleiner als oder gleich.

   a) $0{,}345$ ☐ $0{,}099999$

   b) $0{,}8$ ☐ $\sqrt{\frac{16}{25}}$

   c) $\sqrt[3]{27}$ ☐ 5^{-3}

   d) $7{,}2369$ ☐ $\frac{72369}{10000}$

3. Welche Brüche liegen zwischen $\frac{4}{6}$ und $\frac{5}{6}$? Notiere drei.

4. Die Zahl 50 wird um 20 % vergrößert, die so entstandene Zahl wiederum um 20 %, und diese ein drittes Mal erneut um 20 %. Um wie viel Prozent ist die so erhaltene Zahl größer als 50?

   [A] 60 %   [B] 72,8 %   [C] 160,0 %   [D] 58,4 %

5. Auf einer Baustelle sollen 6 Personen arbeiten, um das Gelände von 1900 Quadratmetern zu reinigen. Sie brauchen dafür 10 Stunden. Zu Arbeitsbeginn melden sich beim Chef vier Kollegen krank. Wann sind sie nun mit der Reinigung des Geländes fertig?

6. a) Berechne die Kantenlänge eines Würfels mit einem Volumen von $27\ dm^3$.
   b) Vervollständige das Würfelnetz.

7. Wie groß ist der Winkel β in der abgebildeten Figur, wenn $\alpha = 50°$ und $\gamma = 100°$ groß ist.

   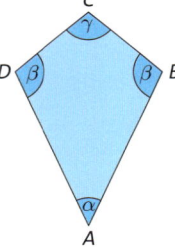

   [A] 110°

   [B] 210°

   [C] 150°

   [D] 105°

8. a) Berechne den Flächeninhalt der abgebildeten zusammengesetzten Fläche (Angaben in cm).
   b) Kreuze an.
      Wenn man jede Seite eines Rechtecks verdoppelt,
      – wird der Flächeninhalt zweimal so groß.
      – wird der Flächeninhalt dreimal so groß.
      – wird der Flächeninhalt viermal so groß.

9. Löse die Gleichung $2x + 7 = -3x - 23$.

10. Der Flug von Paris nach Berlin dauert 1 h 40 min. Wann kommst du in Berlin an, wenn der Flug für 6.35 Uhr Startzeit vorgesehen war, sich aber aufgrund eines Defektes am Flugzeug um 65 Minuten verzögert.

11. Berechne den Term $\frac{(q^2 + q) \cdot 3q}{q^2 - q}$ für $q = 2$ und $q = -1$.

12. Überprüfe rechnerisch, ob die Punkte auf der Geraden mit der Funktionsgleichung $y = 3x + 2{,}5$ liegen.
    $A\,(2\,|\,8{,}5)$ $B\,(-3\,|\,6{,}5)$

Pro Aufgabe sind folgende Punkte erreichbar: 1) je 1, 2) je 0,5, 3) 2, 4) 2, 5) 2, 6) je 1, 7) 2, 8) 2+1, 9) 2, 10) 2, 11) 3, 12) 2. Gesamtpunktzahl: 28

56

Prüfungsteil 2: Pflichtteil

1. In einem Werbeprospekt wurden Rabatte für alle Kunden eingeräumt. Entspricht das Angebot auch der Wahrheit?

2. Prüfe, ob die Dreiecke mit den Maßen rechtwinklig sind, und wenn ja, gib an, welches der rechte Winkel im Dreieck ist.

   a) $a = 10\,cm$ $b = 6\,cm$ $c = 8\,cm$

   b) $a = 7\,m$ $b = 24\,m$ $c = 25\,m$

   c) $a = 12\,cm$ $b = 13\,cm$ $c = 7\,cm$

3. **a)** Berechne die Funktionsgleichung mit Hilfe der Wertetabelle.

x-Werte	−3	−2	−1	0	1	2	3
$y = 2x - 2$							

   b) Gib die Schnittpunkte mit der x-Achse und der y-Achse an.

4. Aus einem rechteckigen Blechstück, das 5 cm breit und 7 cm lang ist, werden 35 Kreisstücke mit dem Durchmesser von 1 cm gestanzt. Berechne die Restfläche in dm^2 und Prozent.

5. **a)** Berechne den Scheitelpunkt für die quadratische Funktion $y = x^2 - 4x - 6$.

   b) Überprüfe, welche Punkte auf der Parabel liegen.

      $A(-2\,|\,-14)$, $B(3\,|\,-9)$, $C(-8\,|\,90)$

6. Die nebenstehende Designervase soll bis zu 5 cm unterhalb des Randes mit Wasser gefüllt werden.

   a) Berechne das Volumen in Litern und gib an, zu wie viel Prozent die Vase mit Wasser gefüllt ist.

   b) Wie viel wiegt die leere Vase in Kilogramm bei einer Dichte von $2,57\,g/cm^3$.

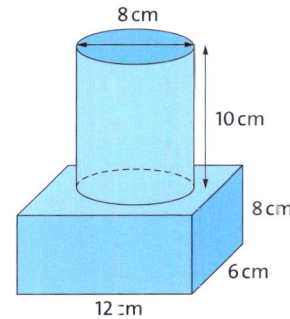

7. Wenn Dana und ihr Freund Tom sich nach der Schule treffen, ist davon auszugehen, dass sich Dana in 90 % aller Treffen verspätet. Wie groß ist die Wahrscheinlichkeit, dass Dana an drei aufeinander folgenden Tagen

   a) verspätet bei Tom auftaucht?

   b) pünktlich zum Treffen erscheint?

8. Tim wohnt in Budens und Jonas in Hilsen. Wenn Tim mit dem Fahrrad zu Jonas möchte, muss er von Budens über Harpen nach Hilsen fahren. Nächstes Jahr soll endlich eine Brücke über den See gebaut werden, sodass Tim direkt über die Brücke zu Jonas fahren kann.

Wie viele Kilometer spart Tim dann für eine Fahrt ein?

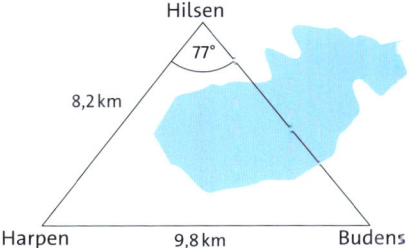

Pro Aufgabe sind folgende Punkte erreichbar: 1) 4, 2) je 2, 3) je 2, 4) 3, 5) je 3, 6) 3+2, 7) je 2, 8) 4. Gesamtpunktzahl: 36

57

Prüfungsteil 3: Wahlaufgabe 1

Algenbildung

Flache Seen neigen u. a. aufgrund der höheren Wassertemperaturen zur Algenbildung. Diese Algen können die bestehende Flora und Fauna nahezu vollständig verdrängen. Im Jahr 2010 beginnt eine Untersuchung an einem See, bei dem eine Forschergruppe auf einer Fläche von ca. 100 m^2 eine Algenart entdeckt hat, von der bekannt ist, dass sie schnell wächst. Die befallene Fläche vergrößert sich innerhalb von einem Monat (30 Tage) um das 1,2-fache.

1. Der See ist nahezu kreisrund und hat einen Durchmesser von 1,5 km. Berechne die Größe der Wasserfläche.

2. In nebenstehender Grafik ist der Verlauf des Flächenwachstums der Algen dargestellt.
   a) Begründe, warum nebenstehender Funktionsgraph das Flächenwachstum der Algen beschreiben kann.
   b) Gib die befallene Fläche nach vier Monaten und nach einem Jahr an.
   c) Bestimme den Zeitpunkt, an dem 600 m^2 der Seefläche befallen sind.

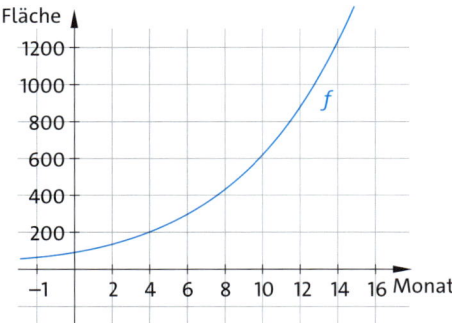

Pro Aufgabe sind folgende Punkte erreichbar: 1) 3, 2) 2+3+2. Gesamtpunktzahl: 10

Prüfungsteil 3: Wahlaufgabe 2

Schwimmbecken

Ein Hausbesitzer möchte im Garten seines Hauses ein Schwimmbecken bauen. Es soll quaderförmig sein und eine Tiefe von 2 m haben. Die Wandstärke beträgt 0,25 m.

1. Die Innenmaße sollen aus Gründen des optischen Wohlgefallens dem „goldenen Schnitt" entsprechen, das heißt, Länge (a) und Breite (b) stehen in einem besonderen Verhältnis zueinander, und zwar: $\frac{a+b}{a} = \frac{a}{b}$.
   a) Die Seite a soll eine Länge von 8 m haben. Zeige, dass sich die Länge der Seite b mit der Gleichung $b^2 + 8b - 64 = 0$ berechnen lässt.
   b) Berechne die Länge der Seite b.
   c) Erkläre im Sachzusammenhang, warum zwei Lösungen existieren.

2. Der Bauherr entschließt sich, das Becken mit einer Länge von 8 m und einer Breite von 5 m zu bauen. Zunächst muss eine Grube mit den Maßen 8,5 m Länge, 5,5 m Breite und 2,25 m Tiefe ausgehoben werden.
   a) Bestätige durch eine Rechnung die Aushubmenge von ca. 105 m^3.
   b) Der bestellte Bagger kann pro Stunde 18 m^3 ausheben und kostet pro Stunde 55 Euro. Berechne die Zeit und die Kosten für den Bagger.
   c) Die ausgehobene Erde wird mit einem LKW abgefahren, der 12 t transportieren kann. Berechne, wie oft der LKW fahren muss, wenn 1 m^3 Erde 830 kg wiegt?

3. Nachdem die Wände des Beckens gemauert wurden, sollen sie gefliest werden.
   a) Bestätige durch eine Rechnung die zu fliesende Fläche von 92 m^2.
   b) Jede Fliese ist rechteckig und hat die Maße 20 cm mal 15 cm. Berechne die Anzahl der Fliesen, wenn der Fliesenleger mit 8 % Verschnitt rechnet.

Pro Aufgabe sind folgende Punkte erreichbar: 1) 2+1+1, 2) je 1, 3) 1+2. Gesamtpunktzahl: 10

Trainingsplan zur Prüfungsvorbereitung

	Schwerpunkte	Grundfertigkeiten	Das kann ich gut …	Das muss ich noch üben …
Zahlen, Größen, Potenzen, Wurzeln, Prozente	Zahlen	_____ / 11		
	Größen	_____ / 15		
	Prozentrechnung	_____ / 11		
	Zinsrechnung	_____ / 10		
	Potenzen und Wurzeln	_____ / 14		
Terme und Gleichungen	Terme	_____ / 12		
	Lineare Gleichungen	_____ / 11		
	Lineare Gleichungssysteme	_____ / 8		
	Quadratische Gleichungen	_____ / 11		
Zuordnungen und Funktionen	Zuordnungen	_____ / 8		
	Lineare Funktionen	_____ / 10		
	Quadratische Funktionen	_____ / 11		
	Exponentialfunktionen	_____ / 11		
Geometrie	Rechtwinklige Dreiecke	_____ / 11		
	Geometrie in der Ebene	_____ / 10		
	Geometrie im Raum	_____ / 10		
Statistik und Wahrscheinlich-keit	Beschreibende Statistik	_____ / 8		
	Wahrscheinlichkeits-rechnung	_____ / 12		

	Aufgaben	Punkte	Das kann ich gut ...	Das muss ich noch üben ...
Gemischte Aufgaben	Dart	_____ / 12		
	Gotthard-Basistunnel	_____ / 14		
	Ice Bucket Challenge	_____ / 16		
	Riesenrad	_____ / 14		
Prüfungsbeispiel I	Prüfungsteil 1: Allgemeiner Teil	_____ / 28		
	Prüfungsteil 2: Pflichtteil	_____ / 36		
	Prüfungsteil 3: Wahlaufgabe 1	_____ / 10		
	Prüfungsteil 3: Wahlaufgabe 2	_____ / 10		
Prüfungsbeispiel II	Prüfungsteil 1: Allgemeiner Teil	_____ / 28		
	Prüfungsteil 1: Pflichtteil	_____ / 36		
	Prüfungsteil 3: Wahlaufgabe 1	_____ / 10		
	Prüfungsteil 3: Wahlaufgabe 2	_____ / 10		

Operatorenübersicht

Bezeichnung des Operators	Beschreibung des Operators	Beispiel	Beispiel im Arbeitsheft
abschätzen / schätzen / sinnvoll schätzen / überschlagen	durch begründete Überlegungen Angaben machen	Schätze die Länge der ersten Etappe ab. oder: Überschlage durch Rechnung, ob die Farbe ausreicht.	S. 6/1; S. 8/6; S. 23/3b; S. 25/3e; S. 38/6b; S. 50/f
angeben / ablesen / ergänzen	Elemente, Sachverhalte, Begriffe oder Daten mit einer kenzeichnenden Angabe versehen.	Gib eine geeignete Formel für die Zelle B4 an. oder: Ergänze im Baumdiagramm die fehlenden Wahrscheinlichkeiten.	S. 7/1c; S. 7/2a; S. 11/1a; S. 17/4a; S. 20/1b; S. 52/9; S. 53/6a
begründen	einen Sachverhalt oder eine Aussage argumentativ auf Gesetzmäßigkeiten oder kausale Zusammenhänge zurückführen	Begründe, ob es sich tatsächlich um ein Sonderangebot handelt.	S. 17/4b; S. 25/1a; S. 27/2a; S. 27/4a; S. 35/12d; S. 37/4; S. 43/10b; S. 45/2c; S. 52/10
berechnen / lösen	durch Rechenoperationen zu einem Ergebnis gelangen und die Rechenoperation dokumentieren	Berechne das Volumen des abgebildeten Zylinders oder: Löse das folgende Gleichungssystem.	S. 7/1d; S. 9/2b; S. 11/1b; S. 12/2; S. 12/3; S. 13/1; S. 15/2; S. 19/1; S. 19/3; S. 21/1d; S. 37/3, 8; S. 52/1, 3–6; S. 53/1–4, 8; S. 56/1, 5, 6a; 8a; S. 57/3, 4, 5a, 6
beschreiben	Aussagen, Sachverhalte, Strukturen u. Ä. in eigenen Worten strukturiert und fachsprachlich wiedergeben	Beschreibe, wie du die Anzahl der Kugeln in der Tasse abschätzt.	S. 43/11c
bestätigen / nachweisen / zeigen	einen Sachverhalt oder eine Behauptung unter Verwendung von Berechnungen auf bekannte, gültige Aussagen zurückführen	Weise nach, dass die Behauptung falsch ist. oder: Bestätige Christians Aussage. oder: Zeige, dass sich der Korbring in einer Höhe von 3 m befindet.	S. 17/2b; S. 48/e; S. 49/b; S. 50/g; S. 56/3, 10
bestimmen / ermitteln	einen Zusammenhang oder möglichen Lösungsweg aufzeigen und das Ergebnis formulieren	Bestimme den Wert der Unbekannten x.	S. 9/4a; S. 14/2; S. 15/4b; S. 17/2a; S. 18/7; S. 20/7; S. 21/2; S. 27/4c; S. 29/2; S. 34/8b; S. 35/10a; S. 56/9, 11; S. 57/7, 8

Bezeichnung des Operators	Beschreibung des Operators	Beispiel	Beispiel im Arbeitsheft
beweisen	im mathematischen Sinn zeigen, dass seine Behauptung/Aussage richtig ist, z.B. unter Verwendung bekannter mathematischer Sätze, Formeln und Äquivalenzumformungen.	Beweise, dass die Innenwinkelsumme im Dreieck 180° beträgt.	
darstellen	Sachverhalte o.Ä. strukturiert fachsprachlich oder grafisch wiedergeben und Bezüge sowie Zusammenhänge aufzeigen	Stelle die Vermehrung einer Blattlaus für einen Zeitraum von drei Wochen in einem geeigneten Koordinatensystem dar.	S. 11/4c; S. 45/2a; S. 50/6; S. 52/11
entscheiden	bei Alternativen sich begründet und eindeutig auf eine Möglichkeit festlegen	Entscheide welche der folgenden Terme zu dieser Problemstellung passt.	S. 22/1; S. 24/5; S. 31/1; S. 46/1–3, 7; S. 57/7, 8
erläutern	Sachverhalte o.Ä. so darlegen und veranschaulichen, dass sie verständlich werden.	Erläutere, warum die Funktion $y = -0,5x + 43$ die Lage des oberen Seils beschreibt.	S. 34/7c
erstellen	Sachverhalte und Methoden zielgerichtet in einen Zusammenhang bringen	Erstelle eine Lösungsplan.	S. 15/4c; S. 25/3c
ordnen	Sachverhalte begründet in einen genannten Zusammenhang stellen	Ordne die Volumen der folgenden Körper von klein nach groß.	S. 9/1a; S. 7/1b; S. 14/12; S. 56/2
skizzieren	Eine grafische Darstellung so anfertigen, dass die wesentlichen Eigenschaften deutlich werden	Skizziere den Verlauf des Fallschirmsprungs im vorhandenen Koordinatensystem.	S. 15/3b S. 43/11a
überprüfen / prüfen	Sachverhalte, Aussagen oder Ergebnisse an Gesetzmäßigkeiten messen, verifizieren oder Widersprüche aufdecken	Überprüfe die Angabe des Herstellers.	S. 25/2; S. 34/5; S. 43/11b; S. 43/3e; S. 49/g; S. 56/12; S. 57/1, 2, 5b
zeichnen	eine hinreichend exakte grafische Darstellung anfertigen	Zeichne den Graphen der Funktion $y = 0,5x^2 - 2$ in das angegebene Koordinatensystem.	S. 7/2b; S. 17/2a; S. 21/1a; S. 53/5, 6b, 7b; S. 56/6b

Mathematik

ABSCHLUSS-PRÜFUNGS-TRAINER

Realschulabschluss
Niedersachsen

Lösungsteil

Erarbeitet von
Klaus Heckner,
Ines Knospe und
Udo Wennekers

Cornelsen

Zahlen

Test zu den Grundfertigkeiten

	A	B	C	D
1			×	
2		×		
3			×	
4	0 bis 4 abrunden, 5 bis 9 aufrunden			
5	×			
6	1, 2 und 4			
7 a)		×		
7 b)		×	×	
7 c)	×	×		×
8		×		
9		×	×	
10	×		×	×
11		×		

Aufgaben zum Trainieren

1 a) $\ldots \frac{1}{16}; -\frac{1}{32}; \frac{1}{64}$

   $\ldots 35; 48; 63$

 b) $0{,}3 < \frac{1}{3} < 1\frac{1}{5} < 1{,}\overline{3} < \frac{3}{2} = 1{,}5 < 1{,}\overline{5}$

   $3^{-2} < 2^{-3} < 3^{-1} < 3^{0} < 2{,}3 < 3{,}2 < 2^{3} < 3^{2}$

   $3 \cdot 10^{-2} < 0{,}33 < \sqrt[3]{27} < \sqrt{27} < 3 \cdot 10^{2}$

 c) z. B.

   $-\frac{1}{2} < -\frac{1}{4} < 0 < \frac{1}{4} < \frac{1}{2}$

   $-120{,}98 < -120{,}95 < -120{,}92$

   $-0{,}001 < -0{,}0001 < 0 < 0{,}0001 < 0{,}001$

 d)

a	b	$a+b$	$a-b$	$a \cdot b$	$a:b$
$0{,}5$	$\frac{1}{2}$	1	0	$\frac{1}{4}$	1
$-\frac{1}{4}$	$\frac{1}{10}$	$-\frac{3}{20}$	$-\frac{7}{20}$	$-\frac{1}{40}$	$-2{,}5$
$-\frac{2}{3}$	$-\frac{3}{18}$	$-\frac{5}{6}$	$-\frac{1}{2}$	$+\frac{1}{9}$	$+4$

 e) $(-8 - 27) : 7 - (-21 - 15)$

   $= -35 : 7 + 36 = -5 + 36 = 31$

   $-67 - (64 + 104 + 13)$

   $= -67 - (181) = -67 - 181 = -248$

   $3{,}05 - \left(-\frac{7}{10}\right) : \left(-\frac{14}{25}\right) - 1{,}75$

   $= 3{,}05 - 1\frac{1}{4} - 1{,}75 = 0{,}05$

 f) $\frac{1}{x} \cdot (-5 - (-9)) = -2$

   $\frac{1}{x} \cdot (-5 + 9) = -2$

   $\frac{1}{x} \cdot 4 = -2$

   $x = -2$

2 a) Mülheim: ca. 148 500 Einwohner
   Innenstadt: ca. 130 000 Einwohner

 b) Die y-Achse (Einwohner) beginnt nicht bei null (eine Manipulationsmöglichkeit).

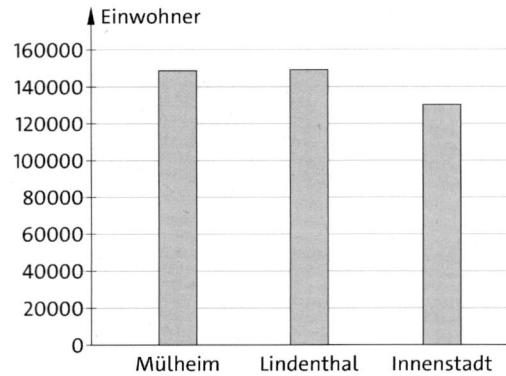

 c) ca. 633 082 Einwohner

3 a)

	14.2.	15.2.	16.2.	17.2
am wärmsten	Stuttgart	Stuttgart/München	München	Stuttgart
am kältesten	Dresden	Leipzig	Leipzig	Leipzig

 b)

	am wärmsten	am kältesten
Stuttgart:	17.2.	15.2.
München:	16.2.	14.2.
Dresden:	16.2.	14.2.
Leipzig:	16.2.	15.2.

 c) Stuttgart: sinkt um 7,5 K
   München: steigt um 2,5 K
   Dresden: 5,5 K
   Leipzig: −9,5 K

 d)

	Unterschied
Stuttgart	6 °C
München	7 °C
Dresden	9 °C; größter Unterschied
Leipzig	6 °C

 e)

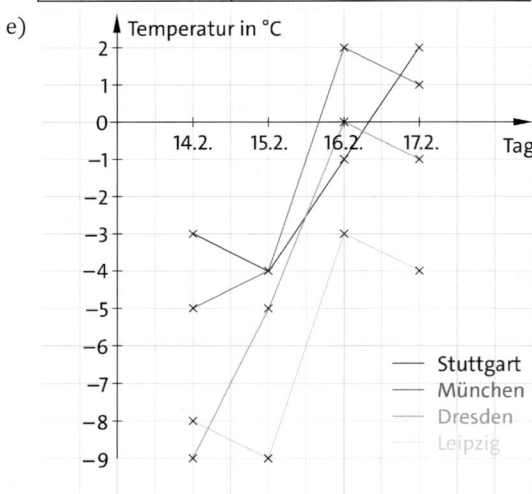

Größen

Seite 8

Test zu den Grundfertigkeiten

	A	B	C	D
1	×			×
2 a)	×			
2 b)	×	×	×	
3	×	×	×	
4			×	×
5 a)	Elefant Kalam wiegt 4 t.			
5 b)	Ein Klassenraum ist 15 m lang.			
6		×	×	
7	×		×	
8		×		×
9	×	×	×	×
10				×
11	×			×
12	×	×	×	
13	×		×	×
14	×		×	
15		×	×	×

Seite 9

Aufgaben zum Trainieren

1 a) • Einheiten der Zeit:

$$6\,\mathrm{h} = \frac{1}{4}\,\text{Tag} = 0,25\,\text{Tage}$$

$$4\,\mathrm{s} = \frac{1}{15}\,\text{min} = 0,0\overline{6}\,\text{min}$$

$$25\,\text{min} = \frac{5}{12}\,\mathrm{h} = 0,41\overline{6}\,\mathrm{h}$$

• Einheiten der Masse:
   250 g = 0,25 kg
   500 kg = 0,5 t
   95 mg = 0,095 g

• Einheiten des Geldes:
   60 000 ct = 600 €
   3,50 € (Es gibt keine größere Einheit.)

• Einheiten der Länge:
   20 dm = 2 m
   780 m = 0,78 km
   100 cm = 10 dm
   540 mm = 54 cm

• Einheiten der Fläche:
   1800 cm² = 18 dm²
   4 a = 0,04 ha

• Einheiten des Volumens:
   280 cm³ = 0,28 dm³ (= 0,28 l)
   25 ml = 0,025 l (= 0,025 dm³)
   7,85 mm³ = 0,00785 cm³
   (= 0,00785 ml)

b) • $0,5\,\mathrm{s} < 40\,\mathrm{s} < \frac{3}{4}\,\text{min} < \frac{3}{4}\,\mathrm{h} < 8\,\text{Monate}$

$< \frac{3}{4}\,\text{Jahr} < 50\,\text{Wochen}$

• $0,01\,\mathrm{hl} = 1000\,\text{ml} < 3375\,\text{ml} < 3\frac{1}{2}\,\mathrm{l}$

$= 3500\,\text{ml} < 4\frac{1}{4}\,\mathrm{l} = 4250\,\text{ml}$

c) • Die durchschnittliche Zeit zwischen zwei Atemzügen bei Menschen beträgt etwa … (4 s).
• Die Masse dieses Arbeitsheftes mit beigelegten Lösungen beträgt etwa … (250 g).
• Wenn du wöchentlich ca. 12 Euro sparen würdest, hättest du am Ende des Jahres etwa … (600 Euro).
• Viele Türen von Räumen sind etwa … (20 dm) hoch.
• Für die Herstellung eines Fußballs werden mindestens … (1800 cm²) Leder benötigt.
• Fast jeder besitzt eine große Tasse mit einem Volumen von etwa … (280 cm³).

2 a) • $700\,\mathrm{g} + 275\,\mathrm{g} + 3\,\mathrm{g} = 978\,\mathrm{g}$
• $400\,\mathrm{m} + 36\,\mathrm{m} - 0,15\,\mathrm{m} = 435,85\,\mathrm{m}$
• $0,146\,\frac{\mathrm{km}}{\mathrm{h}} \approx 0,04\,\frac{\mathrm{m}}{\mathrm{s}}$
• $2,34 \cdot 10^{10}\,\mathrm{km}$

b) • 21 min
• 0,25 l
• 5 m
• 19

3 a) $1,02795 \cdot 10^{11}\,\text{€}$

b) 24 Stunden = 1440 Minuten
1440 Minuten : 90 = 16
An einem Tag umrundet sie die Erde 16-mal.

c) Nach zwei Umkreisungen hat sie 84 000 km zurückgelegt. Nach 16 Umkreisungen hat sie 672 000 km zurückgelegt.

d) 400 t : 12,5 t = 32
Es werden 32 Raumfährenflüge benötigt.

4 a) Anzahl der Sitze in den ersten 5 Kreisen:
49 + 55 + 61 + 67 + 73 = 305
Anzahl der Sitze in den restlichen 7 Kreisen:
79 + 85 + 91 + 97 + 103 + 109 + 115 = 679
Gesamtzahl der Sitze: 305 + 679 = 984
Im Zirkus „Rucoli" gibt es 984 Sitzplätze.

b) 305 · 6,50 € + 679 · 5,25 € = 5547,25 €
Bei einer ausverkauften Vorstellung werden 5547,25 € eingenommen.

Prozentrechnung

Seite 10

Test zu den Grundfertigkeiten

	A	B	C	D
1	$\frac{1}{100}$	$\frac{100}{100}=1$	$\frac{2}{5}$	$\frac{1}{20}$
2	×			×
3	$\frac{W}{p}=\frac{G}{100}$			
4 a)	Einstein			
4 b)	Adenauer			
4 c)	Fontane			
5			×	
6	×	×		×
7		×*		
8				×
9	×			
10				×
11		×	×	

*zu 7. Eine Erhöhung um 100 % heißt, den Preis verdoppeln. Eine Preissenkung um 100 % hieße, dass alles kostenlos ist.

Seite 11

Aufgaben zum Trainieren

1 a) $p = \frac{W}{G} \cdot 100 = \frac{56{,}50\ €}{689{,}00\ €} \cdot 100 \approx 8{,}20$

Der prozentuale Anteil des Beitrags für die Krankenversicherung beträgt ca. 8,2 % vom Bruttogehalt.

b) Arbeitslosenversicherung:

$W = p \cdot \frac{G}{100} = 1{,}4 \cdot \frac{689{,}00\ €}{100} \approx 9{,}65\ €.$

Rentenversicherung:

$W = p \cdot \frac{G}{100} = 10 \cdot \frac{689{,}00\ €}{100} = 68{,}90\ €.$

Nettogehalt:
689,00 € − 6,89 € − 56,50 € − 9,65 € − 68,90 €
= 547,06 €
Paulas monatliches Nettogehalt beträgt 547,06 €.

c) 1 % + 8,2 % + 1,4 % + 10 % = 20,6 %
Die Aussage ist richtig, da die Sozialabgaben 20,6 % vom Bruttogehalt betragen.

d) jährlicher Nettoverdienst:
12 · 547,06 € = 6564,72 €
Paula muss keine Lohnsteuer abführen.

2 a) (1) $\frac{40\ ml}{100} \cdot 40 = 16\ ml$
In einem Glas Whisky (40 ml) sind 16 ml reinsten Alkohols enthalten.
(2) In einem Glas Bier (300 ml) sind 15 ml reinsten Alkohols enthalten.

b) 6,648 % ≈ 6,65 %

c) (1) ≈ 523 kg Bronze
(2) ≈ 562,5 kg Bronze

3 a) $W = p \cdot \frac{G}{100}$

• „Sunfly":
Senkung auf 98 % und danach auf 92 %:

$W = 98 \cdot \frac{1000\ €}{100} = 980\ €$

$W = 92 \cdot \frac{980\ €}{100} = 901{,}60\ €$

• „Urlaub + Reisen":
Senkung auf 96 % und danach auf 94 %:

$W = 96 \cdot \frac{1000\ €}{100} = 960\ €$

$W = 94 \cdot \frac{960\ €}{100} = 902{,}40\ €$

• „City-Reisen":
Senkung auf zweimal 95 %:

$W = 95 \cdot \frac{1000\ €}{100} = 950\ €$

$W = 95 \cdot \frac{950\ €}{100} = 902{,}50\ €$

Nach der zweiten Preissenkung ist das Angebot von „Sunfly" mit 901,60 € am günstigsten, das Angebot von „Urlaub + Reisen" ist mit 902,40 € etwas teurer und das Angebot von „City-Reisen" ist mit 902,50 € am teuersten.

b) mögliche Preisdifferenzen:
1000 € − 980 € = 20 €
980 € − 901,60 € = 78,40 €
1000 € − 901,60 € = 98,40 €

c)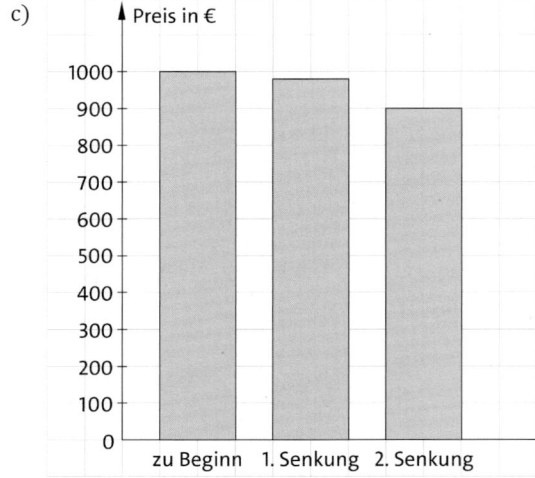

d) Preissenkung: 1240 € − 830 € = 410 €

$p = \frac{W}{G} \cdot 100 = \frac{410\ €}{1240\ €} \cdot 100 \approx 33{,}1$

Es wurden ca. 33,1 % Preisnachlass gewährt.

4 a) 211 151 + 335 161 + 713 892 + 921 692 + 914 989 + 254 722 = 3 351 607
Im Jahre 2015 wurden 3 351 607 Autos neu zugelassen.

b) Anteil roter PKW von allen Neuzulassungen

$p = \frac{W}{G} \cdot 100 = \frac{211151}{335160} \cdot 100 = 6{,}30\ \%$

Anteil der Farben gerundet:

rot	blau	weiß	grau	schwarz	sonstige
6,30 %	10,00 %	21,3 %	27,5 %	27,3 %	7,6 %

c)

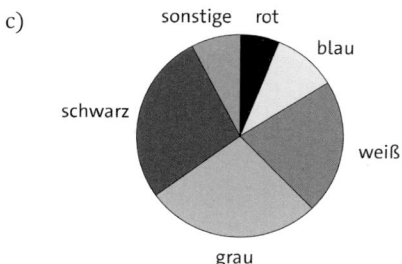

Zinsrechnung

Seite 12

Test zu den Grundfertigkeiten

	A	B	C	D
1			×	
2	×	×		
3				×
4	$Z = \frac{K \cdot p}{100}$ (Jahreszins)			
5			×	
6			×	
7				×
8			×	
9	×			
10	×		×	×

Seite 13

Aufgaben zum Trainieren

1

Kapital	820 €	7900 €	7200 €	25 000 €
Zinssatz	5 %	12 %	**5 %**	**14,4 %**
Zinsen	**30,75 €**	**679,40 €**	90 €	100 €
Zeit	9 Monate	258 Tage	3 Monate	10 Tage

Kapital	**4000 €**	**21 818 €**	6000 €	4250 €
Zinssatz	5 %	2,2 %	8 %	12 %
Zinsen	140 €	120 €	48 €	12 €
Zeit	252 Tage	$\frac{1}{4}$ Jahr	**36 Tage**	**8,5 Tage**

2 a) 5,5 % von 15700 € sind 863,50 €.
Die Jahreszinsen betragen 863,50 €.

b) $p = \frac{Z \cdot 100}{K} = 1000 \text{ €} \cdot \frac{100}{4500 \text{ €}} = 22,2 \text{ %}$

c) Zinsen: 150 € pro Monat = 1800 € im Jahr
$p = \frac{Z \cdot 100}{K} = 1800 \text{ €} \cdot \frac{100}{10000 \text{ €}} = 18 \text{ %}$

d) 12,5 % von 6500 € sind 812,5 € pro Jahr (360 Tage); 4 Monate 12 Tage = 132 Tage
$Z = \frac{K \cdot p \cdot t}{100 \cdot 360} = \frac{6500 \text{ €} \cdot 12,5 \cdot 132 \text{ Tage}}{100 \cdot 360} = 297,92 \text{ €}$

e) (1) 2 % von 1200 € sind 24 €.
Sie erhält 24 € Zinsen am Ende des ersten Jahres und der Sparbetrag beträgt am Ende des ersten Jahres 1224 €.
(2) $K_{18} = \text{Rate} \cdot q \cdot \frac{(q^n - 1)}{q - 1}$
$= 1200 \text{ €} \cdot 1,02 \cdot \frac{(1,02^{18} - 1)}{1,02 - 1} = 26\,208,67 \text{ €}$

3 a) • Angebot A:
Anzahlung: $W = p \cdot \frac{G}{100} = 30 \cdot \frac{12\,000 \text{ €}}{100} = 3600 \text{ €}$
Raten gesamt: 36 · 270 € = 9720 €
Kosten: 3600 € + 9720 € − 5500 € = 7820 €
• Angebot B:
Skonto: $W = p \cdot \frac{G}{100} = 2 \cdot \frac{12\,000 \text{ €}}{100} = 240 \text{ €}$
Kosten: 12 000 € − 240 € − 5500 € = 6260 €
• Angebot C:
Anfangszahlung:
$W = p \cdot \frac{G}{100} = 40 \cdot \frac{12\,000 \text{ €}}{100} = 4800 \text{ €}$
Ratenzahlungen gesamt: 36 · 110 € = 3960 €
Kosten: 4800 € + 3960 € = 8760 €
Die Gesamtkosten betragen bei Angebot A 7820 €, bei Angebot B 6260 € und bei Angebot C 8760 €.

b) Kosten im ersten Jahr:
Angebot A: Raten: 12 · 270 € = 3240 €
gesamt: 3600 € + 3240 € = 6840 €
Angebot B: 12 000 € − 240 € = 11 760 €
Angebot C: Raten: 12 · 110 € = 1320 €
gesamt: 4800 € + 1320 € = 6120 €
Bei Angebot C muss Familie Janke im ersten Jahr am wenigsten zahlen.

4 Jochen
a) $K_3 = K \cdot q^n = 5000 \text{ €} \cdot 1,08^3 = 6298,56 \text{ €}$
Nach drei Jahren hat er dann 6298,56 €.
b) $K_3 = K \cdot q^n = 5000 \text{ €} \cdot 0,92^3 = 3893,44 \text{ €}$
Nach drei Jahren hat er nur noch 3893,44 €.

Frau Müller
c) $K(0) = \frac{30\,000}{1,03^5} = 25\,878,26 \text{ €}$
Frau Müller muss 25 878,26 € anlegen.

Potenzen und Wurzeln

Seite 14

Test zu den Grundfertigkeiten

	A	B	C	D
1		×	×	
1	A: $a^m \cdot a^n = a^{m+n}$		B: $\frac{c^m}{a^n} = a^{m-n}$	
	C: $a^m \cdot b^m = (a \cdot b)^m$		D: $\frac{a^m}{a^n} = a^{m-n}$	
2		×		
3				×
4	×	×		×
5		×	×	×
6	2	4	8	$\frac{1}{6}$
7		×		
8	×			×
9		×	×	×
10	$x = 4$	$x = 3$	$x = -3$	$x = -2$
11	×			×
12			×	
13		×	×	
14		×	×	×

Seite 15

Aufgaben zum Trainieren

1 a) $\frac{10}{3x^3z^5}$

 b) $\frac{(2y)^3}{x^4} = \frac{8y^3}{x^4}$

 c) $10 + \frac{7}{8} - \frac{11}{100} = 10{,}765$

 d) $0{,}3 + 3 = 3{,}3$

 e) $\frac{a^6b^3}{25a^6b^2} = \frac{b}{25}$

 f) $\left(\frac{3y}{2x}\right)^4 = \frac{81y^4}{16x^4}$

2 a) Mit jeder Faltung verdoppelt sich die Dicke des Papiers. Nach 4 Faltungen ist es 2 mm, nach 5 Faltungen 4 mm und nach x Faltungen 2^{x-3} mm dick.
  Dicke nach 15 Faltungen:
  2^{15-3} mm $= 2^{12}$ mm $= 4096$ mm
  $= 4{,}096$ m
  Nach 15 Faltungen (in der Praxis sicherlich nicht möglich) wäre das Papier ca. 4,1 m dick.

 b) Quader: $V = abc = 2$ m $\cdot\, 3$ m $\cdot\, 4$ m $= 24$ m^3
  Würfel: $V = 3 \cdot 24$ m$^3 = 72$ m^3
  a: Kantenlänge des Würfels $V = a^3$
  $a = \sqrt[3]{V} = \sqrt[3]{72 \text{ m}^3} \approx 4{,}16$ m
  Die Kantenlänge des Würfels beträgt ca. 416 cm.
  Quader: $A_0 = 2 \cdot (2$ m $\cdot\, 3$ m$) + 2 \cdot (2$ m $\cdot\, 4$ m$) + 2 \cdot (3$ m $\cdot\, 4$ m$) = 52$ m^2
  Würfel: $A_0 = 6 \cdot (4{,}16$ m$)^2 \approx 103{,}83$ m^2
  Der Quader hat einen Oberflächeninhalt von 52 m^2 und der Würfel hat einen Oberflächeninhalt von ca. 103,83 m^2.

 c) k: Vergrößerungsfaktor
  Flächeninhalt, wenn 1 cm^2 in jeder Dimension um den Faktor k vergrößert wird:
  $(k \cdot 1 \text{ cm}) \cdot (k \cdot 1 \text{ cm}) = k^2$ cm^2
  k^2 cm$^2 = 3$ cm^2
  $k = \sqrt{3} \approx 1{,}73 = 173\,\%$
  Am Kopierer muss ein Prozentsatz von ca. 173 % eingestellt werden.

3 a) $f(x) = x^2$ $g(x) = x^3$
   $h(x) = x^{-2}$ $i(x) = x^{-1}$

 b)
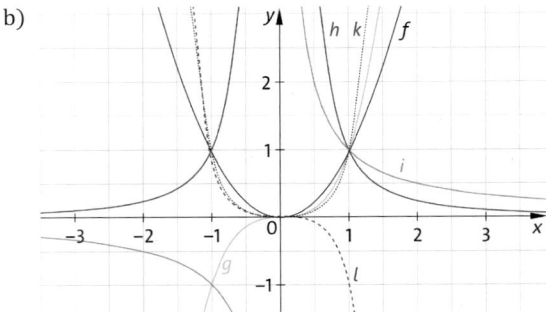

 c) Die Funktion k ist nur in Teilbereichen umkehrbar:
  z. B. für $x \geq 0$: $k^{-1}(x) = \sqrt[4]{x}$
  $l^{-1}(x) = -\sqrt[5]{x}$ $(x \geq 0)$ und
  $l^{-1}(x) = \sqrt[5]{-x}$ $(x < 0)$

4 a) t steht für die Anzahl der Jahre.
  $K(t)$ steht für das Kapital nach t Jahren.

 b) $K(14) = 2000\ € \cdot \left(1 + \frac{3{,}5}{100}\right)^{14} \approx 3237{,}39\ €$

  $K(16) = 2000\ € \cdot \left(1 + \frac{3{,}5}{100}\right)^{16} \approx 3467{,}97\ €$

  $K(18) = 2000\ € \cdot \left(1 + \frac{3{,}5}{100}\right)^{18} \approx 3714{,}98\ €$

 c) Guthaben nach 18 Jahren bei 3,9 % Zinsen:
  $2000\ € \cdot \left(1 + \frac{3{,}9}{100}\right)^{18} \approx 3982{,}08\ €$
  Differenz: $3982{,}08\ € - 3714{,}98\ €$
  $= 267{,}10\ €$
  Antje hätte 267,10 € mehr an Guthaben.

 d)

1. Jahr	2070,00 €		10. Jahr	2821,20 €
2. Jahr	2142,45 €		11. Jahr	2919,94 €
3. Jahr	2217,44 €		12. Jahr	3022,14 €
4. Jahr	2295,05 €		13. Jahr	3127,91 €
5. Jahr	2375,37 €		14. Jahr	3237,39 €
6. Jahr	2458,51 €		15. Jahr	3350,70 €
7. Jahr	2544,56 €		16. Jahr	3467,97 €
8. Jahr	2633,62 €		17. Jahr	3589,35 €
9. Jahr	2725,79 €		18. Jahr	3714,98 €

5 a) Wachstumsfaktor: $q = 1 + p$
   $q = 1 + 0{,}05$
   $q = 1{,}05$
   $y = 1{,}94 \cdot 1{,}05^x$

 b) x gibt die Anzahl der seit 2007 vergangenen Jahre, y den zugehörigen Preis in € an.

 c) $x = 2019 - 2007 = 12$
   $y = 1{,}94 \cdot 1{,}05^{12} \approx 3{,}48\ €$
   Im Jahr 2019 würde das Mischbrot ca. 3,48 € kosten.

 d) $x = 2025 - 2007 = 18$
   $y = 1{,}94 \cdot 1{,}05^{18} \approx 4{,}67\ €$
   Im Jahr 2015 müsste man ca. 4,67 € zahlen.

 e) $2{,}32 = 1{,}94 \cdot 1{,}05^x$

   $x = \log_{1{,}05}\left(\frac{2{,}32}{1{,}94}\right) \approx 3{,}66$

   Jahr: $2007 + 3 = 2010$;
   oder $2007 + 4 = 2011$
   Im Jahr 2011 kostete das Mischbrot 2,32 €.

 f) $y = 1{,}94 \cdot q^x$
   $2{,}04 = 1{,}94 \cdot q^{12}$

   $q = \sqrt[12]{\frac{2{,}04}{1{,}94}} \approx 1{,}004$

   jährlicher Anstieg in %:
   $p = 100 \cdot (q - 1) \approx 100 \cdot (1{,}004 - 1)$
   $= 0{,}4$
   Hätte das Brot 2019 nur 2,04 € gekostet, wäre der Preis jährlich um ca. 0,4 % gestiegen.

Terme

Seite 16

Test zu den Grundfertigkeiten

	A	B	C	D
1		×		
2			×	
3	×	×		×
4			×	
5		×	×	×
6 (1)	$(a+b)^2 = a^2 + 2ab + b^2$			
6 (2)	$(a-b)^2 = a^2 - 2ab + b^2$			
6 (3)	$(a+b)(a-b) = a^2 - b^2$			
7		×	×	
8		×		×
9	×			×
10		×		×
11		×	×	
12	×	×		

Seite 17

Aufgaben zum Trainieren

1 a) (1) $7 - 6a$
    (2) $y + 6x - y + xy = 6x + xy$
    (3) $3 - 4x - 2 - x = -5x + 1$
    (4) $2 - 3e - 2 - 3e = -6e$
    (5) $5a + 10b - 3a - 6b + a + 2b = 3a + 6b$
    (6) $\frac{1}{2}x - 2x - x^2 + 3 - x^2 = -2x^2 - \frac{3}{2}x + 3$

  b) (1) $x^2 + 6x + 9$
    (2) $2(25 + 20b + 4b^2) = 8b^2 + 40b + 50$
    (3) $3(4a^2 - 28a + 49) = 12a^2 - 84a + 147$
    (4) $x^2 - x + 0{,}25$
    (5) $y^2 - 16$
    (6) $0{,}5a^2 - 8$

  c) (1) $2(6x - 4xy + 7z)$
    (2) $6a(3b + 2a - 5c)$
    (3) $\frac{2}{3}f(e - f + 1)$
    (4) $4x(3y - 2z + x)$
    (5) $3u(1 - 4u + 2v)$
    (6) $2(12x^2yz - xyz + 1)$

  d) (1) $(2 + a)(2 - a)$
    (2) $(x + 15)(x - 15)$
    (3) $(x - 4)^2$
    (4) $(a + 0{,}5)^2$
    (5) $(3x + 7)^2$
    (6) $(2x + 5y)(2x - 5y)$

2 a) Der Umfang beträgt $u = 16 \cdot 1{,}5 \text{ cm} = 24 \text{ cm}$.
    Der Flächeninhalt ergibt sich aus den Teilflächen (von oben nach unten)
    $A = 2A_1 + 3A_2$ mit
    $A_1 = 1{,}5 \cdot 3 = 4{,}5$; $A_2 = 1{,}5 \cdot 1{,}5 = 2{,}25$, also
    $A = 9 + 6{,}75 = 15{,}75 \text{ cm}^2$.

  b) Zerlegung der Fläche in Quadrate mit der Seitenlänge x. Davon gibt es sieben Stück. Der Flächeninhalt eines Quadrats ist $x \cdot x = x^2$. Damit gilt für den gesamten Flächeninhalt $A = 7x^2$.

  c) Der Umfang ist die Summe der Seitenlängen, beginnend unten nach rechts laufend:
    $u = x + 2x + x + x + x + x + x + x + 2x + 5x = 16x$

  d) Für die linke Seite des F ergibt sich
    $2 \text{ m} = 5x$, also $x = 40 \text{ cm} = 0{,}4 \text{ m}$.
    Für die Farbe den Flächeninhalt berechnen:
    $A = 7 \cdot 0{,}4^2 = 1{,}12$.
    Sie benötigen $1{,}12 \text{ m}^2$ Farbe.
    Für den Lichtschlauch den Umfang berechnen:
    $u = 16 \cdot 0{,}4 = 6{,}4$.
    Der Lichtschlauch muss 6,4 m lang sein.

3 a) (1) $u = 4 \cdot (a + a + 2a) = 16a$
    $O = 2a^2 + 4 \cdot 2a \cdot a = 10a^2$
    $V = a \cdot a \cdot 2a = 2a^3$
   (2) $u = 4 \cdot (2a + a + 4a) = 28a$
    $O = 2 \cdot 2a \cdot a + 2 \cdot 2a \cdot 4a + 2 \cdot 4a \cdot a$
    $= 28a^2$
    $V = 2a \cdot a \cdot 4a = 8a^3$
   (3) $u = 4 \cdot (a + b + 0{,}5a) = 6a + 4b$
    $O = 2ab + 2 \cdot a \cdot 0{,}5a + 2 \cdot b \cdot 0{,}5a$
    $= a^2 + 3ab$
    $V = a \cdot b \cdot 0{,}5a = 0{,}5a^2b$

  b) Das ist möglich. Beispielsweise ergeben acht Bausteine von der Sorte 2 einen Würfel mit der Kantenlänge $4a$, wenn jeweils zwei Bausteine nebeneinander und vier Bausteine hintereinander stehen.

Lineare Gleichungen

Seite 18

Test zu den Grundfertigkeiten

	A	B	C	D
1	×		×	
2	×	×		×
3	×		×	
4			×	
5		×		
6	×		×	
7		×		
8		×		×
9		×	×	
10	×			×
11	×			

Seite 19

Aufgaben zum Trainieren

1 Es werden für a) und b) jeweils 2 Aufgaben beispielhaft gelöst.

a) (1) $3x + 2 = 17$ $| -2$

   $\Leftrightarrow 3x = 15$ $| : 3$

   $\Leftrightarrow x = 5$

  (8) $\frac{2x}{3} - 4 = -6$ $| + 4$

   $\Leftrightarrow \frac{2x}{3} = -2$ $| \cdot 3$

   $\Leftrightarrow 2x = -6$ $| : 2$

   $\Leftrightarrow x = -3$

b) (1) $4x + 2 = 9x + 9$ $| -9x - 2$

   $\Leftrightarrow -5x = 7$ $| : (-5)$

   $\Leftrightarrow x = -\frac{7}{5}$

  (7) $-\frac{3}{4}\left(x + \frac{1}{6}\right) = \frac{1}{6}x - \frac{3}{4}$

   $\Leftrightarrow -\frac{3}{4}x - \frac{1}{8} = \frac{1}{6}x - \frac{3}{4}$ $| -\frac{1}{6}x$

   $\Leftrightarrow -\frac{11}{12}x - \frac{1}{8} = -\frac{3}{4}$ $| + \frac{1}{8}$

   $\Leftrightarrow -\frac{11}{12}x = -\frac{5}{8}$ $| \cdot \left(-\frac{12}{11}\right)$

   $\Leftrightarrow x = \frac{15}{22}$

Aufgabe 1	a)	b)
(1)	5	$-\frac{5}{8} = -1{,}4$
(2)	$\frac{5}{9}$	$-\frac{109}{11}$
(3)	$-\frac{9}{2} = -4{,}5$	$-\frac{23}{10} = -2{,}3$
(4)	$-\frac{11}{2} = -5{,}5$	keine Lösung
(5)	3	-54
(6)	16	$-\frac{1}{2} = -0{,}5$
(7)	0	$\frac{15}{22}$
(8)	-3	0

2 a) Alter von Pascal vor 10 Jahren: x
Alter der Mutter vor 10 Jahren: $4x$
Alter von Pascal heute: $x + 10$
Alter der Mutter heute: $4x + 10$
$(x + 10) + (4x + 10) = 65$
$\qquad\qquad 5x + 20 = 65$
$\qquad\qquad\qquad x = 9$
Alter von Pascal heute: $9 + 10 = 19$
Alter der Mutter heute: $4 \cdot 9 + 10 = 46$
Heute ist Pascal 19 Jahre und seine Mutter 46 Jahre alt.

b) zurückgelegter Weg von Tobias um 7:50 Uhr:
$$s = v \cdot t = 20\,\frac{\text{km}}{\text{h}} \cdot \frac{1}{3}\,\text{h} = \frac{20}{3}\,\text{km}$$
zurückgelegte Kilometer von Tobias in Abhängigkeit von der Zeit: $\frac{20}{3} + 20 \cdot t$
t: seit 7:50 Uhr vergangene Zeit in Stunden
zurückgelegte Kilometer der Mutter in Abhängigkeit von der Zeit: $60 \cdot t$
$$\frac{20}{3} + 20 \cdot t = 60 \cdot t$$
$$t = \frac{1}{6}$$
Die Mutter holt Tobias 10 Minuten nach 7:50 Uhr ein, also um 8:00 Uhr.
zurückgelegte Kilometer um 8:00 Uhr:
$$\frac{20}{3} + 20 \cdot \frac{1}{6} = 10$$
Tobias ist bereits 10 Kilometer gefahren, wenn seine Mutter ihn einholt.

c) Breite des Rechtecks in cm: b
Länge des Rechtecks in cm: $a = 2b$
$\qquad u = 2a + 2b$
$204 = 2 \cdot 2b + 2b$
$204 = 6b$
$\quad\; b = 34$
$\quad\; a = 2 \cdot 34 = 68$
Die Seiten des Rechtecks sind 68 cm und 34 cm lang. Alle Innenwinkel sind in jedem Rechteck 90° groß.

d) Radius: $r = 11$ cm
Oberflächeninhalt des Balles:
$A_O = 4\pi r^2 = 4\pi \cdot (11\,\text{cm})^2 \approx 1521\,\text{cm}^2$
zusätzlich benötigte Fläche:
$$W = p \cdot \frac{G}{100} = 25 \cdot \frac{1521\,cm^2}{100} \approx 380\,\text{cm}^2$$
Gesamtfläche:
$1521\,\text{cm}^2 + 380\,\text{cm}^2 = 1901\,\text{cm}^2 \approx 0{,}19\,\text{m}^2$
Es werden ca. 0,19 m² Leder benötigt.

3 a) $90 = \frac{3+9}{2} \cdot x \Leftrightarrow x = 15$

  b) $66 = \frac{x+4}{2} \cdot 12 \Leftrightarrow x = 7$

  c) $95 = 5^2 + 2 \cdot 5 \cdot x \Leftrightarrow x = 7$

  d) $532 = x^2 + 2 \cdot x \cdot 12 \Leftrightarrow x_1 = 14; x_2 = -38$

4 a) Umfang eines Rechtecks:
$$a = \frac{u}{2} - b \text{ oder } a = \frac{u - 2b}{2}$$

b) Flächeninhalt eines Dreiecks: $h = \frac{2 \cdot A}{g}$

c) Flächeninhalt eines Trapezes:
$$h = \frac{2 \cdot A}{a + c} \text{ oder } h = A : \frac{a+c}{2}$$
$$c = \frac{2 \cdot A}{h} - a \text{ oder } c = \frac{2 \cdot A - a \cdot h}{h}$$

d) Oberflächeninhalt eines Kreiskegels:
$$s = \frac{A_O}{\pi r} - r$$

e) Volumen eines Kreiskegels:
$$h = \frac{3V}{\pi r^2}; \qquad r = \sqrt{\frac{3V}{\pi h}}$$

f) Flächeninhalt eines Kreisausschnitts:
$$\alpha = \frac{A_\alpha \cdot 360°}{\pi r^2}; \qquad r = \sqrt{\frac{A_\alpha \cdot 360°}{\pi \cdot \alpha}}$$

Lineare Gleichungssysteme

Seite 20

Test zu den Grundfertigkeiten

	A	B	C	D
1		×		
2	d	b	a	c
3		×		
$L = \{(1\mid3)\}$				
4	×	×	×	
5		×	×	
6			×	×
7	$L = \{(2\mid1)\}$			
8		×	×	

Seite 21

Aufgaben zum Trainieren

1 a)

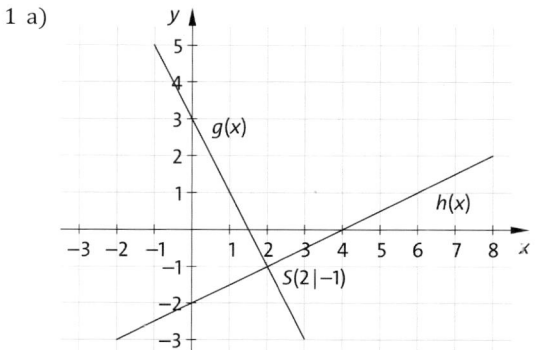

b) I $y = -2x + 3$
   II $y = 0{,}5x - 2$
   $L = \{(2\mid-1)\}$

c)

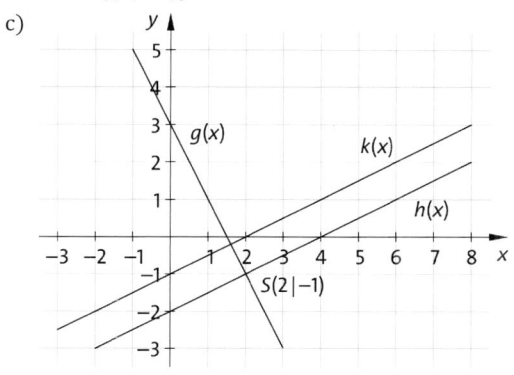

$k(x) = 0{,}5x - 1$

d) $y = -\frac{1}{2}x + 4$

Die Lösungsmenge des Linearen Gleichungssystems ist der Schnittpunkt der Geraden l und h.
$L = \{(6\mid1)\}$

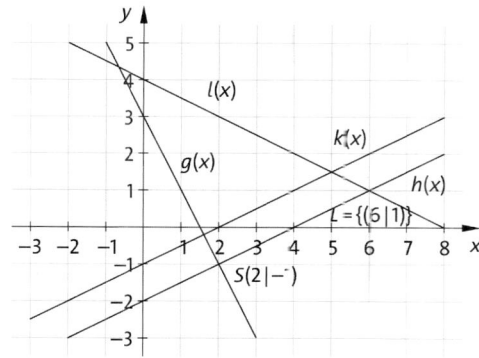

2 a) z. B. Einsetzen von Gleichung II in I:
$$2 \cdot (10x - 22) = 4x + 4$$
$$20x - 44 = 4x + 4$$
$$16x = 48$$
$$x = 3$$
z. B. Einsetzen in Gleichung II:
$$y = 10 \cdot 3 - 22$$
$$y = 8 \qquad L = \{(3\mid8)\}$$

b) z. B. Auflösen von Gleichung II nach u und Einsetzen in Gleichung I:
$$2 \cdot (6v - 16) - 3v = -8$$
$$9v - 32 = -8$$
$$v = \frac{8}{3}$$
z. B. Einsetzen in Gleichung II:
$$6 \cdot \frac{8}{3} - u = 16$$
$$u = 0 \qquad L = \left\{\left(0\mid\frac{8}{3}\right)\right\}$$

c) z. B. „Addition" von Gleichung I und II:
$$4y = 2$$
$$y = \frac{1}{2}$$
z. B. Einsetzen in Gleichung I:
$$x + 2 \cdot \frac{1}{2} = 1$$
$$x = 0 \qquad L = \left\{\left(0\mid\frac{1}{2}\right)\right\}$$

d) z. B. „Addition" von Gleichung I und II:
$$-z = 3$$
$$z = -3$$
z. B. Einsetzen in Gleichung I:
$$3x - 2 \cdot (-3) = -3$$
$$x = -3 \qquad L = \{(-3\mid-3)\}$$

3 a) x: größere Ziffer
   y: kleinere Ziffer
   I $x + y = 12$
   II $x - y = 2$
   z. B. „Addition" von Gleichung I und II:
$$2x = 14$$
$$x = 7$$
z. B. Einsetzen in Gleichung I:
$$7 + y = 12$$
$$y = 5 \qquad L = \{(7\mid5)\}$$

b) I $\quad 3x + 2y = 26$

  II $\quad 5x - 3y = 56$

z. B. Multiplikation von Gleichung I mit $\frac{3}{2}$ und

Addition zu Gleichung II:

$\frac{19}{2}x = 95$

$\quad x = 10$

z. B. Einsetzen in Gleichung I:

$3 \cdot 10 + 2y = 26$

$\qquad y = -2 \qquad L = \{(10|-2)\}$

Die Zahlen lauten 10 und -2.

c) a: längere Seite in cm

  b: kürzere Seite in cm

$\qquad u = 2a + 2b$

I $\quad 2a + 2b = 20$

II $\qquad a - b = 4{,}4$

z. B. Multiplikation von Gleichung II mit 2 und

Addition zu Gleichung I:

$4a = 28{,}8$

$\; a = 7{,}2$

z. B. Einsetzen in Gleichung II:

$7{,}2 - b = 4{,}4$

$\qquad b = 2{,}8 \qquad L = \{(7{,}2|1{,}8)\}$

Die Seiten sind 7,2 cm und 2,8 cm lang.

d) x: Anzahl der Hühner

  y: Anzahl der Kaninchen

I $\quad x + y = 37$

II $\quad 2x + 4y = 106$

z. B. Auflösen von Gleichung I nach x und

Einsetzen in Gleichung II:

$2 \cdot (37 - y) + 4y = 106$

$\qquad 74 + 2y = 106$

$\qquad\qquad y = 16$

z. B. Einsetzen in Gleichung I:

$x + 16 = 37$

$x \qquad = 21 \qquad L = \{(21|16)\}$

Es sind 21 Hühner und 16 Kaninchen.

e) a sei die Kantenlänge der acht kurzen Kanten an den quadratischen Flächen in cm, b sei die Kantenlänge der vier längeren Kanten in cm.

I $\quad 8a + 4b = 140$

II $\quad b - a = 5$

z. B. Auflösen von Gleichung II nach b und

Einsetzen in Gleichung I:

$8a + 4 \cdot (5 + a) = 140$

$\qquad 12a + 20 = 140$

$\qquad\qquad a = 10$

z. B. Einsetzen in Gleichung II:

$b - 10 = 5$

$\qquad b = 15 \qquad L = \{(10|15)\}$

Die Kanten sind 10 cm und 15 cm lang.

f) x: Strompreis (kWh)

  y: Grundgebühr

I $\quad 426x + y = 126{,}78$

II $\quad 458x + y = 134{,}14$

Subtraktion der Gleichungen führt auf

$32x = 7{,}36$.

Daraus ergibt sich $L = \{(0{,}23|28{,}80)\}$.

Der Preis pro kWh beträgt 23 ct, die Grundgebühr 28,80 €.

4 a) I $\quad 11x - 7y = 3x + 2y + 22 \quad | -3x \text{ u.} -2y$

    II $\quad 8x + 3y = 5x + 8y + 5 \quad | -5x \text{ u.} -8y$

    I $\quad 8x - 9y = 22 \qquad | \cdot 3$

    II $\quad 3x - 5y = 5 \qquad | \cdot 8$

    I $\quad 24x - 27y = 66$

    II $\quad 24x - 40y = 40$

z. B. Subtraktion von II und I:

$-13y = -26$

$\qquad y = 2$

z. B. Einsetzen in Gleichung I:

$24x - 27 \cdot 2 = 66$

$\qquad x = 5 \qquad L = \{(5|2)\}$

b) Auflösen der Klammern ergibt

  I $\quad 4x + 6 + 3x - 6y = 6$

  II $\quad 12y - 6x - 4x - 12 = 12$

  I $\quad 7x + 6 - 6y = 6 \qquad | -6 \text{ u.} \cdot 2$

  II $\quad 12y - 10x - 12 = 12 \qquad | +12$

  I $\quad 14x - 12y = 0$

  II $\quad -10x + 12y = 24$

z. B. Addition von I und II:

$4x = 24$

$x = 6$

z. B. Einsetzen in Gleichung I:

$14 \cdot 6 - 12y = 0$

$\qquad y = 7 \qquad L = \{(6|7)\}$

Quadratische Gleichungen

Seite 22

Test zu den Grundfertigkeiten

	A	B	C	D
1	×	×		×
2	×	×	×	
3			×	
4	×	×		×
5 a)			×	
5 b)			×	
5 c)		×		
6	$x_{1/2} = -\frac{p}{2} \pm \sqrt{\left(\frac{p}{2}\right)^2 - q}$			
7				×
8	×			×
9	×			
10				×
11		×		

Seite 23

Aufgaben zum Trainieren

1 a) (1) $\quad x^2 + 5x = 0 \qquad$ | x ausklammern
$\qquad x(x + 5) = 0 \qquad$ | Nullprodukt
$\qquad x = 0$ oder $x + 5 = 0$
$\qquad x = 0$ oder $x = -5$

(2) $\quad (x - 3)(3x + 5) = 0 \qquad$ | Nullprodukt
$\qquad x - 3 = 0$ oder $3x + 5 = 0$
$\qquad x = 3$ oder $x = -\frac{5}{3}$

(3) $\quad 0{,}5x^2 + 2x = 0 \qquad$ | x ausklammern
$\qquad x(0{,}5x + 2) = 0 \qquad$ | Nullprodukt
$\qquad x = 0$ oder $0{,}5x + 2 = 0$
$\qquad x = 0$ oder $x = -4$

(4) $\quad -3x^2 + 75 = 0 \qquad$ | -75
$\qquad -3x^2 = 75 \qquad$ | $: (-3)$
$\qquad x^2 = 25 \qquad$ | $\sqrt{\ }$
$\qquad x_1 = -5;\ x_2 = 5$

(5) $\quad 2(x + 5)^2 - 32 = 0 \qquad$ | $+ 32$ und $: 2$
$\qquad (x + 5)^2 = 16 \qquad$ | $\sqrt{\ }$
$\qquad x + 5 = -4$ oder $x + 5 = 4$
$\qquad x = -9$ oder $x = -1$

(6) $\quad 5(x - 5)(x - 2) = 0 \qquad$ | Nullprodukt
$\qquad x - 5 = 0$ oder $x - 2 = 0$
$\qquad x = 5$ oder $x = 2$

b) (1) $\quad x^2 + 2x - 35 = 0$
$\qquad p = 2$ und $q = -35$
$\qquad x_{1/2} = -\frac{2}{2} \pm \sqrt{\left(\frac{2}{2}\right)^2 - (-35)}$
$\qquad x_1 = -7$ und $x_2 = 5$

(2) $\quad x^2 + 19{,}5x - 10 = 0$
$\qquad p = -19{,}5$ und $q = -10$
$\qquad x_{1/2} = -\frac{-19{,}5}{2} \pm \sqrt{\left(\frac{-19{,}5}{2}\right)^2 - (-10)}$
$\qquad x_1 = -20$ und $x_2 = 0{,}5$

(3) $\quad 3x^2 - 75 = 0 \qquad$ | $: 3$
$\qquad x^2 - 25 = 0$
$\qquad p = 0$ und $q = -25$
$\qquad x_{1/2} = 0 \pm \sqrt{0 - (-25)}$
$\qquad x_1 = 5$ und $x_2 = -5$

(4) $\quad -2x^2 - 6x + 140 = 0 \qquad$ | $: (-2)$
$\qquad x^2 + 3x - 70 = 0$
$\qquad p = 3$ und $q = -70$
$\qquad x_{1/2} = -\frac{3}{2} \pm \sqrt{\left(\frac{3}{2}\right)^2 - (-70)}$
$\qquad x_1 = -10$ und $x_2 = 7$

(5) $\quad 2x^2 - 12x = 0 \qquad$ | $: 2$
$\qquad x^2 - 6x = 0$
$\qquad p = -6$ und $q = 0$
$\qquad x_{1/2} = -\frac{-6}{2} \pm \sqrt{\left(\frac{-6}{2}\right)^2 - 0}$
$\qquad x_1 = 0$ und $x_2 = 6$

(6) $\quad 2x^2 + 20 = 0 \qquad$ | $: 2$
$\qquad x^2 + 10 = 0$
$\qquad p = 0$ und $q = 10$
$\qquad x_{1/2} = 0 \pm \sqrt{0 - 10}$
$\qquad$ keine Lösung, da $0 - 10 < 0$

c) (1) $\quad x^2 + 2x + 10 = 0$
$\qquad p = 2$ und $q = 10$
$\qquad x_{1/2} = -\frac{2}{2} \pm \sqrt{\left(\frac{2}{2}\right)^2 - 10}$
$\qquad$ keine Lösung, da $1 - 10 < 0$

(2) $\quad x^2 - 19x = 0 \qquad$ | x ausklammern
$\qquad x(x - 19) = 0 \qquad$ | Nullprodukt
$\qquad x = 0$ oder $x - 19 = 0$
$\qquad x = 0$ oder $x = 19$

(3) $\quad 6x^2 = 3x \qquad$ | $- 3x$
$\qquad 6x^2 - 3x = 0 \qquad$ | x ausklammern
$\qquad x(6x - 3) = 0 \qquad$ | Nullprodukt
$\qquad x = 0$ oder $6x - 3 = 0$
$\qquad x_1 = 0$ und $x_2 = \frac{1}{2}$

(4) $\quad 3x^2 = -12x + 150 \qquad$ | $+ 12x - 150$
$\qquad 3x^2 + 12x - 150 = 0 \qquad : 3$
$\qquad x^2 + 4x - 50 = 0$
$\qquad p = 4$ und $q = -50$
$\qquad x_{1/2} = -\frac{4}{2} \pm \sqrt{\left(\frac{4}{2}\right)^2 - (-50)}$
$\qquad x_1 \approx -9{,}35$ und $x_2 \approx 5{,}35$

(5) $\quad (x + 2)(x - 2{,}5) = 0 \qquad$ | Nullprodukt
$\qquad x + 2 = 0$ oder $x - 2{,}5 = 0$
$\qquad x = -2$ oder $x = 2{,}5$

(6) $\quad 2x^2 - 8x = -8 \qquad$ | $+ 8$
$\qquad 2x^2 - 8x + 8 = 0 \qquad$ | 2
$\qquad x^2 - 4x + 4 = 0 \qquad$ | $p = -4$ u. $q = 4$
$\qquad x_{1/2} = -\frac{-4}{2} \pm \sqrt{\left(\frac{-4}{2}\right)^2 - 4}$
$\qquad x_1 = 2 = x_2$

2 a) $x^2 = 5x$
$\qquad x_1 = 0$ und $x_2 = 5$
$\qquad$ Die gesuchte Zahl kann 0 oder 5 sein.

b) a: Kantenlänge in cm
$\qquad A_0 = 6a^2 = 37{,}5$
$\qquad a^2 = 6{,}25$
$\qquad a_1 = 2{,}5$ und $a_2 = -2{,}5$
$\qquad a_2$ ist keine praxisrelevante Lösung, da die Kantenlänge positiv sein muss.
$\qquad$ Die Kantenlänge beträgt 2,5 cm.

c) $\quad x \cdot (x + 10) = 704$
$\qquad x^2 + 10x - 704 = 0$
$\qquad x_{1/2} = -5 \pm \sqrt{729}$
$\qquad x_1 = 22$ und $x_2 = -32$
$\qquad x_2$ ist keine natürliche Zahl.
$\qquad$ Die gesuchte natürliche Zahl lautet 22.

d) $\quad x^2 + 7x = 8$
$\qquad x^2 + 7x - 8 = 0$
$\qquad x_{1/2} = -3{,}5 \pm \sqrt{20{,}25}$
$\qquad x_1 = 1$ und $x_2 = -8$
$\qquad x_2$ ist keine natürliche Zahl.
$\qquad$ Die gesuchte natürliche Zahl lautet 1.

e) a: Länge der kürzeren Seite in cm
$\qquad A = ab = a\,(a + 5) = 218{,}75$
$\qquad a^2 + 5a - 218{,}75 = 0$
$\qquad a_{1/2} = -2{,}5 \pm \sqrt{225}$
$\qquad a_1 = 12{,}5$ und $a_2 = -17{,}5$
$\qquad a_2$ ist keine praxisrelevante Lösung, da die Seitenlänge positiv sein muss.
$\qquad$ längere Seite: 12,5 cm + 5 cm = 17,5 cm
$\qquad$ Die Seiten sind 12,5 cm und 17,5 cm lang.

f) a: Länge der kürzeren Kathete in cm

$A = \frac{1}{2}ab = \frac{1}{2}a\,(a + 16) = 40$

$a^2 + 16a - 80 = 0$

$a_{1/2} = -8 \pm \sqrt{144}$

$a_1 = 4$ und $a_2 = -20$

a_2 ist keine praxisrelevante Lösung, da die Kathetenlänge positiv sein muss.

längere Kathete: $4\,\text{cm} + 16\,\text{cm} = 20\,\text{cm}$

Die Katheten sind 4 cm und 20 cm lang.

3 a) Fläche des Grundstücks:

$A = ab = 80\,\text{m} \cdot 60\,\text{m} = 4800\,\text{m}^2$

x: Breite der Parkstreifen in m

Fläche des Supermarktes:

$4800 : 2 = (80 - x) \cdot (60 - x)$

$2400 = 4800 - 140x + x^2$

$x^2 - 140x + 2400 = 0$

$x_{1/2} = 70 \pm \sqrt{2500}$

$x_1 = 120$ und $x_2 = 20$

x_1 ist keine praxisrelevante Lösung, da die Breite kleiner als 60 m sein muss.

Der Parkstreifen ist 20 m breit.

b) Fläche zum Abstellen der Autos:

$W = p \cdot \frac{G}{100} = 60 \cdot \frac{2400\,\text{m}^2}{100} = 1440\,\text{m}^2$

Annahme für die Fläche eines Stellplatzes:

$5\,\text{m} \cdot 2,5\,\text{m} = 12,5\,\text{m}^2$

Anzahl der Stellplätze:

$1440\,\text{m}^2 : 12,5\,\text{m}^2 = 115,2$

Auf dem Parkplatz können etwa 115 Autos parken.

c) Fläche mit Pflastersteinen:

$W = p \cdot \frac{G}{100} = 30 \cdot \frac{2400\,\text{m}^2}{100} = 720\,\text{m}^2$

Kosten der Pflastersteine:

$720 \cdot 40\,€ = 28\,800\,€$

Fläche mit Rasengittersteinen:

$2400\,\text{m}^2 - 720\,\text{m}^2 = 1680\,\text{m}^2$

Kosten der Rasengittersteine:

$1680 \cdot 35\,€ = 58\,800\,€$

Gesamtkosten:

$28\,800\,€ + 58\,800\,€ = 87\,600\,€$

Es sind 87 600 € einzuplanen.

4 x: Anzahl der Schüler der Klasse

$x - 3$: Anzahl der Mitfahrenden

$\frac{350}{x}$: Betrag für jeden, der mitfahren wollte

$\frac{350}{x} + 1,5$: Betrag für jeden, der mitfährt

$\frac{350}{x-3}$: Betrag für jeden, der mitfährt

Gleichung:

$\frac{350}{x} + 1,5 = \frac{350}{x-3}$ $\qquad | \cdot (x - 3)$

$\frac{350 \cdot (x-3)}{x} + 1,5 \cdot (x - 3) = 350$ $\qquad | \cdot x$

$350 \cdot (x - 3) + 1,5 \cdot x \cdot (x - 3) = 350x$

$350x - 1050 + 1,5x^2 - 4,5x = 350x$ $\qquad | - 350x$

$1,5x^2 - 4,5x - 1050 = 0$ $\qquad | : 1,5$

$x^2 - 3x - 700 = 0$

$p = 3; q = 700$

$x_{1/2} = -\frac{-3}{2} \pm \sqrt{\left(\frac{-3}{2}\right)^2 - (-500)}$

$x_1 = -25$ und $x_2 = 28$

In der Klasse sind 28 Schülerinnen und Schüler.

Zuordnungen

Test zu den Grundfertigkeiten

	A	B	C	D
1		×	×	
2	×			
3	×			×
4			×	×
5	(2)	(1)	(3)	(3)
6	(3;4)	(2)	(2)	
7			×	
8				×

Aufgaben zum Trainieren

1 a) Sinnvoller ist die Betrachtung der Zuordnung
Fläche → Preis, da die Pizzamenge proportional
zur Fläche und nicht zum Durchmesser ist.

b) kleine Pizza: Radius: $r = 13$ cm
$A = \pi r^2 = \pi \cdot (13 \text{ cm})^2 \approx 530{,}9 \text{ cm}^2$
mittlere Pizza: Radius: $r = 15$ cm
$A = \pi r^2 = \pi \cdot (15 \text{ cm})^2 \approx 706{,}9 \text{ cm}^2$
große Pizza: Radius: $r = 16$ cm
$A = \pi r^2 = \pi \cdot (16 \text{ cm})^2 \approx 804{,}2 \text{ cm}^2$
Preis pro cm² für Pizza Salami:
kleine Pizza: 400 ct : 530,9 ≈ 0,7534 ct
mittlere Pizza: 500 ct : 706,9 ≈ 0,707 ct
große Pizza: 550 ct : 804,2 ≈ 0,684 ct

Preise pro cm² (gerundet):

Pizza	klein	mittel	groß
Margherita	0,38 ct	0,42 ct	0,50 ct
Salami	0,75 ct	0,71 ct	0,68 ct
Peperonata	0,57 ct	0,64 ct	0,75 ct
Piccata	0,66 ct	0,71 ct	0,75 ct
Marina	0,94 ct	0,85 ct	0,87 ct
Contadina	0,85 ct	0,78 ct	0,81 ct

Die kleine Pizza ist am günstigsten bei
Margherita, Peperonata und Piccata, die mittlere
Pizza bei Marina und Contadina und die große
Pizza bei Salami.

c) 706,9 · 0,7534 ct ≈ 533 ct = 5,33 €
Die mittlere Pizza Salami müsste ca. 5,33 €
kosten, damit der Preis pro cm² genauso teuer
ist wie bei der kleinen Pizza.

2 a) proportional

Äpfel in kg	Flaschen
50	15
1	$\frac{15}{50}$
80	24

Flaschen	Äpfel in kg
15	50
1	$\frac{50}{15}$
27	90

Aus 80 kg erhält man 24 Flaschen. Für 27
Flaschen benötigt man 90 kg Äpfel.

b) proportional

Platten	kg
17	510
1	$\frac{510}{17}$
10	300

10 Platten wiegen 300 kg.

c) antiproportional

Pumpen	Stunden
5	19
1	19 · 5
3	31,67

Stunden	Pumpen
19	5
1	19 · 5
3	11,875

3 Pumpen würden 31,67 Stunden benötigen.
Wenn nur 8 Stunden zur Verfügung stehen,
sollten 12 Pumpen eingesetzt werden.

d) Weder proportional noch antiproportional. Der
Läufer wird mit der Zeit immer langsamer. Die
gestellten Fragen lassen sich nur schätzen.
Hierbei liegen allerdings proportionale
Überlegungen zugrunde. Er wird ca. 180 s
benötigen. In 20 min kommt er ca. 5 km weit.

e) Weder proportional noch antiproportional. Die 5
Musiker brauchen genauso lang.

f) antiproportional
Nach 19 Tagen bleiben noch 5 Tage:
8 Maurer brauchen 5 · 8 = 40 Stunden.

Maurer	Stunden
8	40
1	320
7	45,71

45,71 Stunden sind bei 9 Arbeitsstunden je Tag
5,08 Tage. Das heißt, sie müssen am letzten Tag
etwas länger arbeiten, um das Ziel zu erreichen.

3 a) $(22,5 + 1,5) \cdot 1,5 = 36$
Carina hat Schuhgröße 36.

b) $y = (x + 1,5) \cdot 1,5$ bzw. $y = 1,5x + 2,25$
x: Fußlänge in cm
y: Schuhgröße

c)

Fußlänge in cm	21	22	23	24	25	26	27
Schuhgröße	$33\frac{3}{4}$	$35\frac{1}{4}$	$36\frac{3}{4}$	$38\frac{1}{4}$	$39\frac{3}{4}$	$41\frac{1}{4}$	$42\frac{3}{4}$

Da bei der Fußlänge beliebige Werte (nicht nur volle Zentimeter) auftreten, ist es möglich, auch bei der Schuhgröße Zwischengrößen (z. B. Halbe, Viertel) zu betrachten und den Graphen im Diagramm als durchgezogene Linie darzustellen.

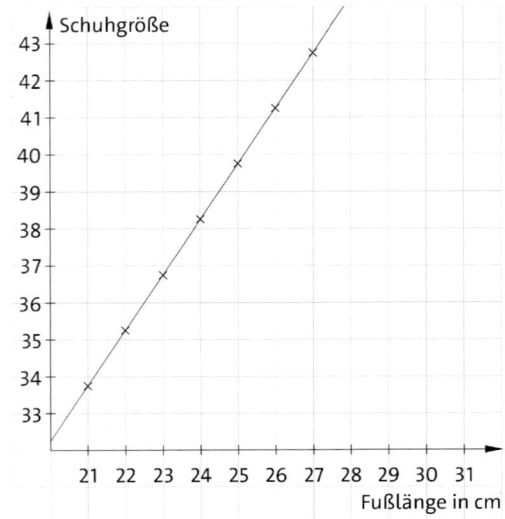

d) $63 = (x + 1,5) \cdot 1,5$
$42 = x + 1,5$
$x = 40,5$
Die Füße von Matthew McGrory sind 40,5 cm lang.

e) Der Stiefel wurde für 6,10 m = 610 cm lange Füße gefertigt.
$(610 + 1,5) \cdot 1,5 = 917,25$
Die Schuhgröße des Stiefels beträgt ca. 917.

Lineare Funktionen

Seite 26

Test zu den Grundfertigkeiten

	A	B	C	D
1	×			×
2	m – Steigung n – Schnittpunkt mit der y-Achse			
3		×		
4			×	
5	×		×	
6			×	
7	×		×	
8				×
9	×	×		×
10	$f(x) = \frac{1}{4}x$; $N(0 \mid 0)$ $g(x) = \frac{3}{2}x - 1$; $N(\frac{2}{3} \mid 0)$ $h(x) = -x + 3$; $N(3 \mid 0)$ $i(x) = -\frac{1}{6}x + 1$; $N(6 \mid 0)$			

Seite 27

Aufgaben zum Trainieren

1 a) $y = -x + b$ durch $A(2 \mid 3)$
$3 = -2 + b \qquad | + 2$
$b = 5 \Rightarrow y = -x + 5$

b) $y = 4x + 3$

c) $y = mx + b$ durch $B(1 \mid 5)$ und $C(3 \mid 1)$
$m = \frac{y_2 - y_1}{x_2 - x_1} \Rightarrow m = \frac{1 - 5}{3 - 1} = -2$
$y = -2x + b$ durch $B(1 \mid 5)$
$5 = -2 \cdot 1 + b \qquad | + 2$
$b = 7 \Rightarrow y = -2x + 7$

d) verläuft parallel, also $m = \frac{2}{5}$
$y = \frac{2}{5}x + b$ durch $D(-1 \mid 5)$
dann einsetzen wie bei a)
$y = \frac{2}{5}x + 5,4$

e) Skizze:
$P(0 \mid 5)$; $Q(7 \mid 0)$
Lösung wie c)
$y = -\frac{5}{7}x + 5$

f) $y = 4x$

2 a) Die Funktionen müssen sich schneiden, da sie alle unterschiedliche Steigungen haben. Nur parallele Geraden können sich nicht schneiden.

b)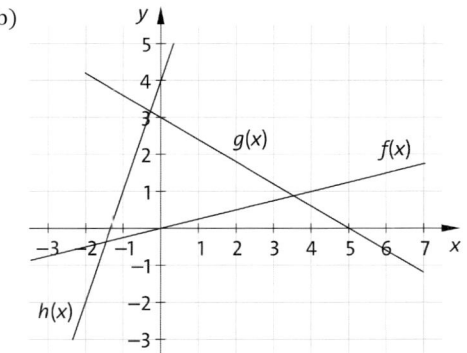

c) Schnittpunktberechnung durch Gleichsetzen der Funktionsterme

$$f(x) = g(x)$$
$$\frac{1}{4}x = -\frac{3}{5}x + 3 \qquad | +\frac{3}{5}x$$
$$\frac{17}{20}x = 3 \qquad | \cdot \frac{20}{17}$$
$$x = \frac{60}{17} \approx 3{,}53$$

y-Wert durch Einsetzen in eine der beiden Funktionen

$$f\left(\frac{60}{17}\right) = \frac{1}{4} \cdot \frac{60}{17} = \frac{15}{17} \approx 0{,}88$$
$$S_{f_g}(3{,}53 | 0{,}88)$$

Die anderen beiden Schnittpunkte lauten:

$$S_{f_h}\left(-\frac{16}{11} \middle| -\frac{4}{11}\right); S_{g_h}\left(-\frac{5}{18} \middle| \frac{19}{6}\right)$$

d) $f(2) = \frac{1}{4} \cdot 2 = 0{,}5 \Rightarrow P(2 \mid 0{,}5)$

$$f(4) = \frac{1}{4} \cdot 4 = 1 \Rightarrow Q(4 \mid 1)$$

Mit Pythagoras ist im rechtwinkligen Dreieck
$$d^2 = a^2 + b^2$$
$$d^2 = (4-2)^2 + (1-0{,}5)^2 \qquad | \sqrt{}$$
$$d = \sqrt{4+0{,}25} \approx 2{,}06$$
Die Punkte sind rund 2 LE entfernt.

3 a) Tarif A:
$$72\,€ + 0{,}172\,\tfrac{€}{kWh} \cdot 500\,kWh = 158\,€$$
$$72\,€ + 0{,}172\,\tfrac{€}{kWh} \cdot 3000\,kWh = 588\,€$$

Tarif B:
$$108\,€ + 0{,}158\,\tfrac{€}{kWh} \cdot 500\,kWh = 187\,€$$
$$108\,€ + 0{,}158\,\tfrac{€}{kWh} \cdot 3000\,kWh = 582\,€$$

Ein Jahresverbrauch von 500 kWh kostet bei Tarif A 158 €, bei Tarif B 187 €.
Ein Jahresverbrauch von 3000 kWh kostet bei Tarif A 588 €, bei Tarif B 582 €.

b) Tarif A: $y = 72 + 0{,}172x$
Tarif B: $y = 108 + 0{,}158x$
x gibt die jährlich verbrauchte Stromenergie in kWh, y den zugehörigen Jahrespreis in € an.

c)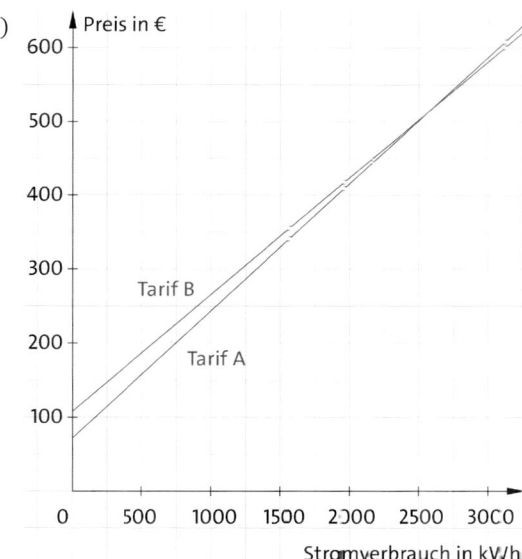

d) $72 + 0{,}172x = 108 + 0{,}158x$
$$0{,}014x = 36$$
$$x \approx 2571$$
z. B. Einsetzen in die Gleichung von Tarif A: $72 + 0{,}172 \cdot 2571 \approx 514$
Der Schnittpunkt liegt etwa bei $(2571 \mid 514)$.
Bei einem Verbrauch von 2571 kWh im Jahr sind beide Tarife mit ca. 514 € ungefähr gleich teuer. Werden im Jahr weniger als 2571 kWh verbraucht, ist Tarif A günstiger, werden mehr als 2571 kWh verbraucht, ist Tarif B günstiger.

4 a) Easy: ④   Telly: ②
Relax: ①   Flat: ③

b) Easy: $0{,}39\,€ \cdot 7 = 2{,}73\,€$
Telly: $0{,}29\,€ \cdot 15 = 4{,}35\,€$
Ein 7 Minuten langes Gespräch kostet bei „Easy" 2,73 €.
Ein 15 Minuten langes Gespräch kostet bei „Telly" ohne Grundgebühr 4,35 €.

c) Easy: $y = 0{,}39x$
Telly: $y = 4{,}95 + 0{,}29x$
x: monatliche Gesprächszeit in min
y: monatlicher Preis in €

d)

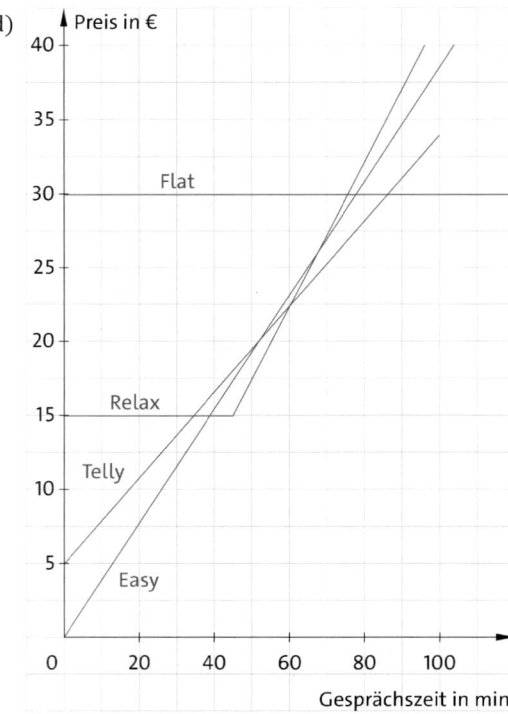

Die Anzahl der Gesprächsminuten, bei denen der günstigste Tarif wechselt, können mit Hilfe von Gleichungen exakt berechnet werden.

Easy/Relax:
$$0{,}39x = 14{,}95$$
$$x = 38{,}3$$

Relax/Telly:
$$14{,}95 + 0{,}49(x - 45) = 4{,}95 + 0{,}29x$$
$$x = 60{,}25$$

Telly/Flat:
$$4{,}95 + 0{,}29x = 29{,}95$$
$$x = 86{,}2$$

Werden im Monat maximal 38 Minuten telefoniert, ist der Tarif „Easy" zu empfehlen. Von 39 bis 60 Minuten ist der Tarif „Relax" und von 61 bis 86 Minuten der Tarif „Telly" am günstigsten. Werden mindestens 87 Minuten telefoniert, ist der Tarif „Flat" zu empfehlen.

Quadratische Funktionen

Seite 28

Test zu den Grundfertigkeiten

	A	B	C	D
1	×			×
2			×	×
3	×			
4	×		×	×
5	×			×
6	×		×	
7	A: $x^2 - 1$		B: $-(x+2)^2 + 3$	
	C: $-(x-1)^2$		D: $(x+3)^2 - 2$	
8			×	
9	×	×	×	
10				×
11	×		×	

Seite 29

Aufgaben zum Trainieren

1 a) $a > 0$ Öffnung nach oben
   $a < 0$ Öffnung nach unten
   $|a| > 1$ Streckung
   $0 < |a| < 1$ Stauchung
   x_s Verschiebung nach rechts/links
   y_s Verschiebung nach oben/unten

b) (1) $f(x) = -2(x-3)^2 + 4$
   (2) $f(x) = 0{,}3(x + 2{,}5)^2 - 2$

c) (1) um 4 gestreckt, um 1 nach rechts und 2 nach oben verschoben
   (2) an der x-Achse gespiegelt, um 1,5 gestreckt, um 3 nach rechts verschoben
   (3) um 0,5 gestaucht, um 4 nach unten verschoben

d) Ausmultiplizieren führt auf
   $f_1(x) = 4x^2 - 8x + 6$
   $f_2(x) = -1{,}5x^2 + 9x - 13{,}5$
   $f_3(x) = 0{,}5x^2 - 4$

e) (1) $f(x) = (x-1)^2 - 4$
       $f(x) = x^2 - 2x - 3$
   (2) $f(x) = (x+1)^2 + 3$
       $f(x) = x^2 + 2x + 4$
   (3) $f(x) = (x+0)^2 + 6$
       $f(x) = x^2 + 6$
   (4) $f(x) = (x-7)^2 + 0$
       $f(x) = x^2 - 14x + 49$

f) Der Punkt wird in die Funktionsgleichung eingesetzt
   (1) $\quad 4 = a \cdot 3^2 \qquad | : 9$
        $\quad a = \frac{4}{9}$
   (2) $\quad 4 = 3^2 + a \qquad | - 9$
        $\quad a = -5$
   (3) $\quad 4 = (3-a)^2 - 5 \qquad\qquad | + 5$
        $\quad 9 = (3-a)^2 \qquad\qquad | \sqrt{}$
        $\quad 3 = 3 - a \text{ und } -3 = 3 - a \qquad | - 3$
        $\quad a = 0 \text{ und } a = 6$

2 a) $f(x) = a \cdot (x-2)^2 - 1$ durch $P(1 \mid 1)$
$\quad\ 1 = a \cdot (1-2)^2 - 1 \qquad | + 1$
$\quad\ 2 = a$
$\quad f(x) = 2(x-2)^2 - 1$

b) $f(x) = a \cdot (x-3)^2 + 2$ durch $P(1 \mid 0)$
$\quad\ 0 = a \cdot (1-3)^2 + 2 \qquad | - 2$
$\ -2 = a \cdot 4 \qquad\qquad\quad | : 4$
$\ -\frac{1}{2} = a$
$\quad f(x) = -\frac{1}{2}(x-3)^2 + 2$

c) $f(x) = a \cdot (x+2)^2 - 3$ durch $P(0 \mid 1)$
$\quad\ 1 = a \cdot (0+2)^2 - 3 \qquad | + 3$
$\quad\ 4 = a \cdot 4 \qquad\qquad\quad | : 4$
$\quad\ 1 = a$
$\quad f(x) = (x+2)^2 - 3$

3 a) $f(x) = x^2 - 4x + 9 \qquad$ | quadr. Ergänzung
$\quad f(x) = x^2 - 4x + \left(\frac{4}{2}\right)^2 - \left(\frac{4}{2}\right)^2 + 9$
$\quad f(x) = (x-2)^2 + 5$
$\quad$ Scheitelpunkt $S(2 \mid 5)$

b) $f(x) = x^2 + 6x + 5 \qquad$ | quadr. Ergänzung
$\quad f(x) = x^2 + 6x + \left(\frac{6}{2}\right)^2 - \left(\frac{6}{2}\right)^2 + 5$
$\quad f(x) = (x+3)^2 - 4$
$\quad$ Scheitelpunkt $S(-3 \mid -4)$

c) $f(x) = 3x^2 - 24x + 57$
$\quad f(x) = 3(x^2 - 8x + 19) \qquad$ | quadr. Ergänzung
$\quad f(x) = 3\left(x^2 - 8x + \left(\frac{8}{2}\right)^2 - \left(\frac{8}{2}\right)^2 + 19\right)$
$\quad f(x) = 3[(x-4)^2 + 3]$
$\quad f(x) = 3(x-4)^2 + 9$
$\quad$ Scheitelpunkt $S(4 \mid 105)$

4 a) Die Höhe an der Stelle 4 muss größer als 8 m sein: $f(4) = 8{,}4$
Also fliegt der Ball über die Mauer und zwar um 40 cm darüber.

b) Zu berechnen sind die Schnittpunkte mit der x-Achse.
$\ -0{,}4x^2 - 4{,}8x - 4{,}4 = 0 \qquad | : (-0{,}4)$
$\qquad\quad x^2 - 12x + 11 = 0$
$p = -12$ und $q = 11$
$x_{1/2} = -\frac{-12}{2} \pm \sqrt{\left(\frac{12}{2}\right)^2 - 11}$
$x_1 = 1$ und $x_2 = 11$
Aufschlagstelle $x = 11 - 4 = 7$

c) Der höchste Punkt ist der Scheitelpunkt. Da wir die Nullstellen kennen und wissen, dass der Scheitelpunkt mitten zwischen den Nullstellen liegt (Symmetrie), lautet der x-Wert $x = 6$.
y-Wert: $f(6) = 10$
Der Ball fliegt 10 m hoch.

d) Da der Junge 1,5 m groß ist, wirft er den Ball etwa bei in 1,6 m Höhe ab. Zu lösen ist die Gleichung
$\ 1{,}6 = -0{,}4x^2 + 4{,}8x - 4{,}4 \qquad | - 1{,}6$
$\ -0{,}4x^2 + 4{,}8x - 6 = 0 \qquad | : (-0{,}4)$
$\qquad\quad x^2 - 12x + 15 = 0$
$p = -12$ und $q = 15$
$x_{1/2} = -\frac{-12}{2} \pm \sqrt{\left(\frac{12}{2}\right)^2 - 15}$
$x_1 = 1{,}42$ und $x_2 = 10{,}58$
Da $x = 10{,}58$ hinter der Mauer liegt, ist die Lösung $x = 1{,}42$ die richtige.

Exponentialfunktionen

Seite 30

Test zu den Grundfertigkeiten

	A	B	C	D
1	×		×	
2		×	×	
3			×	
4		×		×
5	3	1	2	4
6		×		×
7				×
8		×		
9		×		×
10		×	×	
11			×	×

Seite 31

Aufgaben zum Trainieren

1 a) Exponentielles Wachstum $f(x) = a \cdot b^x$
Mit $A(0 \mid 25)$ ergibt sich $a = 25$
Mit $B(1 \mid 37{,}5)$ ergibt sich
$37{,}5 = 25 \cdot b^1 \qquad | : 25$
$\Leftrightarrow b = 1{,}5$
$f(x) = 25 \cdot 1{,}5^x$

b) Lineares Wachstum $g(x) = mx + n$
Mit $A(1 \mid 50)$ und $B(2 \mid 250)$ ergibt sich:
$m = \frac{250-50}{2-1} = 200$
$\Rightarrow g(x) = 200x + n$ und $B(250 \mid 2)$
$\quad 250 = 200 \cdot 2 + n \qquad | - 400$
$\Leftrightarrow n = -150$
$\Rightarrow g(x) = 200x - 150$

c) Exponentielles Wachstum $f(x) = a \cdot b^x$
Mit $A(2 \mid 18)$ ergibt sich:
$\quad 18 = a \cdot b^2 \qquad | : b^2$
$\Leftrightarrow a = \frac{18}{b^2} \qquad$ (I)
Mit $B(3 \mid 54)$ ergibt sich: $54 = a \cdot b^3$.
Einsetzen ergibt:
$\quad 54 = \frac{18}{b^2} \cdot b^3 \qquad$ | kürzen
$\Leftrightarrow 54 = 18b \qquad | : 18$
$\Leftrightarrow b = 3$
Einsetzen in Gleichung (I) ergibt:
$\quad a = \frac{18}{3^2} = 2$
$\quad f(x) = 2 \cdot 3^x$

d) Exponentielles Wachstum, siehe 1c)
$\quad f(x) = 60 \cdot 1{,}2^x$

e) Exponentielle Abnahme, siehe 1c)
$\quad f(x) = 80 \cdot 0{,}8^x$

f) Lineares Wachstum, siehe 1b)
$\quad g(x) = 10x + 10$

2 a) $a \cdot 2^3 = 16$ $| : 8$
  $\Leftrightarrow \quad a = 2$

  b) $a \cdot 0{,}8^4 = 8192$ $| : 0{,}8^4$
  $\Leftrightarrow \quad a = 20000$

  c) $400 \cdot b^{2,5} = 80$ $| : 400$
  $\Leftrightarrow \quad b^{2,5} = \frac{1}{5}$ $| \sqrt[2,5]{}$
  $\Leftrightarrow \quad b = 0{,}53$

  d) $a \cdot 0{,}25^2 + 3 = a \cdot 0{,}5^3 | - 0{,}125a$
  $\Leftrightarrow \quad -0{,}0625a + 3 = 0$ $| - 3$
  $\Leftrightarrow \quad -0{,}0628a = -3$ $| : (-0{,}0625)$
  $\Leftrightarrow \quad a = 48$

  e) $280 \cdot b^3 + 120 = 20 \cdot b^3$ $| - 20b^3$
  $\Leftrightarrow 260b^3 + 120 = 0$ $| - 120$
  $\Leftrightarrow \quad 260b^3 = -120$ $| : 260$
  $\Leftrightarrow \quad b^3 = \frac{6}{13}$ $| \sqrt[3]{}$
  $\Leftrightarrow \quad b = 0{,}77$

  f) $b \cdot (2 - b^2) + 2b^3 = 1 + 2b$
  $\Leftrightarrow \quad 2b - b^3 + 2b^3 = 1 + 2b$
  $\Leftrightarrow \quad b^3 = 1$ $| \sqrt[3]{}$
  $\Leftrightarrow \quad b = 1$

3 a) $5^2 = 25$
  $\Leftrightarrow x - 1 = 2$
  $\Leftrightarrow x = 3$

  b) $6^2 = 36$
  $\Leftrightarrow x + 2 = 2$
  $\Leftrightarrow x = 0$

  c) $4^6 = 4096$
  $\Leftrightarrow 3x = 6$
  $\Leftrightarrow x = 2$

  d) $2^8 = 256$
  $\Leftrightarrow 2x = 8$
  $\Leftrightarrow x = 4$

  e) $3^5 = 243$
  $\Leftrightarrow 2x - 1 = 5$
  $\Leftrightarrow x = 3$

  f) $8^{-1} = 0{,}125$
  $\Leftrightarrow 3x - 7 = -1$
  $\Leftrightarrow x = 2$

4. a) (1) $f(x) = a \cdot b^x$
  $f(0) = 120 \Rightarrow a = 120$
  $f(1) = 126 \Rightarrow 126 = 120 \cdot b^1$
  $\Leftrightarrow b = \frac{126}{120} = \frac{21}{20} = 1{,}05$
  $f(x) = 120 \cdot 1{,}05^x$

  (2) $2060 - 2016 = 44$
  $f(44) = 1026{,}86$

  (3) Durch Probieren $500 = 120 \cdot 1{,}05^x$ ergibt
  sich $f(29) = 493{,}93$ und $f(30) = 518{,}63$.
  Also wird im 29. Jahr die 500 erreicht.

  b) (1) $f(x) = a \cdot b^x$
  $f(0) = 500 \Rightarrow a = 500$
  $f(1) = 250 \Rightarrow 250 = 500 \cdot b^1$
  $\Leftrightarrow b = \frac{250}{500} = \frac{1}{2} = 0{,}5$
  $f(x) = 500 \cdot 0{,}5^x$

  (2) $f(8) = 1{,}95$
  (3) $f(-3) = 4000$
  (4) Da sich die Temperatur jede Stunde halbiert,
  erreicht der Körper in der neunten Stunde
  die 1°-Grenze.

  c) (1) $f(x) = a \cdot \left(1 + \frac{p}{100}\right)^x$
  $b = 1 + \frac{25}{100} = 1{,}25$
  $f(x) = 250 \cdot 1{,}25^x$

  (2) $f(5) = 763{,}94 \approx 763$
  (3) $f(-3) = 128$
  (4) Durch Probieren ergibt sich:
  $f(3) = 488$ und $f(4) = 610$. Im Laufe der 3.
  Woche wird die Verdopplung erreicht. Also
  eine Verdopplung etwa alle 3 Wochen.

d) (1) $(x) = a \cdot \left(1 + \frac{p}{100}\right)^x$
  $a = 3000$ (Startwert)
  $b = 1 + \frac{4}{100} = 1{,}04$
  $f(x) = 3000 \cdot 1{,}04^x$
  $f(12) = 4803{,}1$

  (2) Durch Probieren ergibt sich:
  $f(7) = 3647{,}8$ und $f(8) = 4269{,}94$. Also
  werden im 7. Jahr die 4000 € erreicht.

  (3) $f(0) = 3000$ und $f(10) = 5500$
  $5500 = 3000 \cdot \left(1 + \frac{p}{100}\right)^{10}$ $| : 3000$
  $\Leftrightarrow \frac{11}{6} = \left(1 + \frac{p}{100}\right)^{10}$ $| \sqrt[10]{}$
  $\Leftrightarrow 1{,}0625 = 1 + \frac{p}{100}$ $| - 1 | \cdot 100$
  $\Leftrightarrow 6{,}25 = p$

e) (1) Halbwertszeit von 3 Stunden bedeutet eine
  Halbierung alle drei Stunden.
  $f(x) = a \cdot b^x$
  $f(0) = 5 \Rightarrow a = 5$
  $f(3) = 2{,}5 \Rightarrow 2{,}5 = 5 \cdot b^3$
  $\Leftrightarrow b^3 = \frac{2,5}{5} = 0{,}5$ $| \sqrt[3]{}$
  $\Leftrightarrow b = 0{,}7937$
  $f(x) = 5 \cdot 0{,}7937^x$
  Zerfallsfaktor $b = 0{,}7937$
  Zerfallsrate $p = 79{,}37\,\%$

  (2)

x	1	2	3	4	5
y	3,97	3,15	2,5	1,98	1,58
x	6	7	8	9	10
y	1,25	0,99	0,79	0,63	0,5

  (3) Nach den Berechnungen aus (2) wird die
  Wirksamkeitsgrenze im Laufe der 7. Stunde
  erreicht.

Rechtwinklige Dreiecke

Seite 32

Test zu den Grundfertigkeiten

	A	B	C	D
1	×			×
2			×	
3 a)	×			
3 b)			×	×
3 c)		×	×	
4	×	×		×
5	×		×	×
6	×		×	
7	×			×
8			×	
9		×		

Seite 33

Aufgaben zum Trainieren

1 a) Kathete: p und o; Hypotenuse: q; Satz des
   Pythagoras: $p^2 + o^2 = q^2$
 b) Kathete: r und s; Hypotenuse: t; Satz des
   Pythagoras: $r^2 + s^2 = t^2$
 c) Kathete: u und w; Hypotenuse: v; Satz des
   Pythagoras: $u^2 + w^2 = v^2$
 d) Kathete: x und y; Hypotenuse: z; Satz des
   Pythagoras: $x^2 + y^2 = z^2$

2 a) gesucht wird die Hypotenuse: $\qquad 9^2 + 6^2 = c^2$
   $\rightarrow c \approx 10,8$ [cm]
 b) gesucht wird eine Kathete: $\qquad 4^2 + b^2 = 7^2$
   $\rightarrow b \approx 5,7$ [cm]
 c) gesucht wird eine Kathete: $\qquad 20^2 + c^2 = 45^2$
   $\rightarrow c \approx 40,3$ [cm]
 d) gesucht wird die Hypotenuse c: $18^2 + 16^2 = c^2$
   $\rightarrow c \approx 24,1$ [cm]
 e) gesucht wird eine Kathete: $\qquad 13^2 + c^2 = 21^2$
   $\rightarrow c \approx 16,5$ [cm]

3 a) $a \approx 11,2$ cm; $b \approx 8,4$ cm; $u \approx 33,6$ cm;
   $A \approx 46,9$ cm^2
 b) $h_a \approx 6,3$ cm; $x \approx 6,4$ cm; $u \approx 35,4$ cm;
   $A = 49,5$ cm^2

Seite 34

4 a) $c \approx 12,2$ cm; $u \approx 29,2$ cm; $A = 35$ cm^2
 b) $b \approx 6,3$ cm; $u \approx 26,3$ cm; $A \approx 28,4$ cm^2
 c) $a \approx 26,6$ cm; $u \approx 63,6$ cm; $A = 165$ cm^2
 d) $c \approx 8$ cm; $u \approx 38,1$ cm; $A \approx 56$ cm^2
 e) $b \approx 28,6$ mm; $u \approx 68,6$ mm; $A = 195,5$ mm^2
 f) $c \approx 1,8$ km; $u \approx 4431$ m; $A = 0,63$ km^2

5 a) nicht rechtwinklig
 b) rechtwinklig mit $\alpha = 90°$
 c) rechtwinklig mit $\beta = 90°$
 d) nicht rechtwinklig
 e) nicht rechtwinklig
 f) rechtwinklig mit $\gamma = 90°$

6 a) $3^2 + h^2 = 7^2 \rightarrow h \approx 6,3$ [m] Die Leiter liegt in
   einer Höhe von 6,3 m an der Wand an.
 b) $a^2 + 6,7^2 = 7^2 \rightarrow a \approx 2$ [m] Die Leiter muss in
   einem Abstand von 2 m von der Wand
   aufgestellt werden.

7 a) Die vertikale Diagonale halbiert die horizontale
   Diagonale in 1,5 dm lange Abschnitte.
   a: Drachenseite unten
   $a^2 = (3\ \text{dm})^2 + (1,5\ \text{dm})^2$
   $a = \sqrt{(3\ \text{dm})^2 + (1,5\ \text{dm})^2} \approx 3,35$ dm
   oberer Abschnitt der vertikalen Diagonalen:
   $4\ \text{dm} - 3\ \text{dm} = 1\ \text{dm}$
   c: Drachenseite oben
   $c^2 = (1\ \text{dm})^2 + (1,5\ \text{dm})^2$
   $c = \sqrt{(1\ \text{dm})^2 + (1,5\ \text{dm})^2} \approx 1,80$ dm
   Die beiden unteren Seiten des Drachens sind ca.
   3,35 dm, die beiden oberen Seiten sind ca.
   1,80 dm lang.
   $$A = \frac{1}{2} e \cdot f = \frac{1}{2} \cdot 3\ \text{dm} \cdot 4\ \text{dm} = 6\ \text{dm}^2$$
   Die Fläche des Drachens ist 6 dm^2 groß.
 b) h: Drachenhöhe
   $(100\ \text{m})^2 = h^2 + (80\ \text{m})^2$
   $\qquad h = (100\ \text{m})^2 - (80\ \text{m})^2 = 60\ \text{m}$
   Der Drachen fliegt 60 m hoch.
   In Wirklichkeit befindet sich der Drachen tiefer,
   wenn die Drachenschnur nicht völlig gespannt
   ist und nicht geradlinig verläuft.

8 a) $A = \frac{1}{2} a h_S = \frac{1}{2} \cdot 5\ \text{cm} \cdot 6\ \text{cm} = 15$ cm^2
 b) $s^2 = \left(\frac{a}{2}\right)^2 + h_S^2$
   $$s = \sqrt{\left(\frac{a}{2}\right)^2 + h_S^2} = \sqrt{\left(\frac{5\ \text{cm}}{2}\right)^2 + (6\ \text{cm})^2}$$
   $\qquad = 6,5$ cm
 c) $h_S^2 = h^2 + \left(\frac{a}{2}\right)^2$
   $$h = \sqrt{h_S^2 - \left(\frac{a}{2}\right)^2}$$
   $$h = \sqrt{(6\ \text{cm})^2 - \left(\frac{5\ \text{cm}}{2}\right)^2} \approx 5,45\ \text{cm}$$

Seite 35

9	a	b	c	α	β	γ
a)	1 m	**4,9 m**	5 m	12°	**78°**	90°
b)	6 cm	1,5 cm	**6,5 cm**	**67°**	**23°**	90°
c)	**3,4 dm**	5,4 dm	**6,4 dm**	32°	58°	90°
d)	5 km	4,8 km	**1,5 km**	**90°**	73°	**17°**
e)	**392 mm**	564 mm	**406 mm**	44°	90°	46°
f)	2,8 cm	**5,1 cm**	4,3 cm	**33°**	90°	**57°**
g)	**8,8 km**	**3,6 km**	8 km	**90°**	**24°**	66°

10a) α: Steigungswinkel

$\tan \alpha = \frac{12 \text{ m}}{100 \text{ m}} = 0,12 \qquad \alpha \approx 6,84°$

Der Steigungswinkel beträgt ca. 6,84°.

b) Fahrtstrecke: $s = v \cdot t = 2 \frac{\text{m}}{\text{s}} \cdot 600 \text{ s} = 1200 \text{ m}$.

Die Seilbahn legt 1200 m zurück.

h: Höhenunterschied $\qquad \sin 20° = \frac{h}{s}$

$h = s \cdot \sin 20° = 1200 \text{ m} \cdot \sin 20° \approx 410 \text{ m}$
Die Seilbahn überwindet einen
Höhenunterschied von ca. 400 m.

11a) α: Neigungswinkel

$\tan \alpha = \frac{5 \text{ m}}{2 \text{ m}} = 2,5 \quad \alpha \approx 68,2°$

Der Neigungswinkel muss ca. 68,2° betragen.

b) e: Entfernung $\qquad \tan 52° = \frac{e}{2 \text{ m}}$

$e = 2 \text{ m} \cdot \tan 52° \approx 2,56 \text{ m}$
Die Lampe geht bei einer Entfernung von ca.
2,56 m an.

c) e: Entfernung $\qquad \tan 52° = \frac{e}{1,80 \text{ m}}$

$e = 1,80 \text{ m} \cdot \tan 52° \approx 2,30 \text{ m}$
Die Lampe geht bei einer Entfernung von ca.
2,30 m an.

12a) Nach dem Satz des Thales sind $\sphericalangle ACB$ und $\sphericalangle ADB$
rechte Winkel.
$\beta = 90° - \alpha = 90° - 30° = 60°$
Für den Scheitelwinkel γ' von γ gilt:
$\gamma' = 180° - 30° - 30° = 120° \quad \gamma = 120°$
$\delta = 180° - \gamma = 180° - 120° = 60°$

b) Wegen $\overline{MB} = \overline{MC}$ gilt: $\sphericalangle MCB = \beta = 60°$
Das Dreieck MBC ist gleichseitig.
Analog ist das Dreieck AMD gleichseitig.
Folglich gilt: $\sphericalangle CMD = 180° - 60° - 60° = 60°$
Auch das Dreieck MCD ist gleichseitig.
$\overline{CD} = \overline{MC} = 4,5 \text{ cm}$

c) $u = \overline{AB} + \overline{BC} + \overline{CD} + \overline{DA}$
$u = 9 \text{ cm} + 4,5 \text{ cm} + 4,5 \text{ cm} + 4,5 \text{ cm}$
$u = 22,5 \text{ cm}$

h: Trapezhöhe $\qquad \sin \beta = \frac{h}{\overline{BC}}$

$h = \overline{BC} \cdot \sin \beta = 4,5 \text{ cm} \cdot \sin 60° \approx 3,90 \text{ cm}$

$A = \frac{1}{2} (\overline{AB} + \overline{CD}) \cdot h$

$A \approx \frac{1}{2} \cdot (9 \text{ cm} + 4,5 \text{ cm}) \cdot 3,90 \text{ cm} \approx 26,3 \text{ cm}^2$

d) $\sphericalangle ASB = \sphericalangle CSD$ (Scheitelwinkel)
$\sphericalangle BAS = \sphericalangle DCS$ (kongruente Wechselwinkel)
Die Dreiecke ABS und CDS sind ähnlich nach dem
Hauptähnlichkeitssatz.
$\sphericalangle DSA = \sphericalangle BSC$ (Scheitelwinkel)
$\sphericalangle ADS = \sphericalangle SCB$ (rechte Winkel)
Die Dreiecke ASD und BCS sind ähnlich nach dem
Hauptähnlichkeitssatz.

e) Konstruktion:
Zeichne $\overline{AB} = 9$ cm. Zeichne einen Kreis k um
den Mittelpunkt von $\overline{AB}$ mit dem Radius 4,5 cm.
Trage an $\overline{AB}$ in A den Winkel $\alpha = 30°$ an. Der
freie Schenkel von α schneidet k in C. Zeichne
eine Parallele zu $\overline{AB}$ durch C. Der zweite
Schnittpunkt der Parallelen mit k ist D.

Geometrie in der Ebene

Seite 36

Test zu den Grundfertigkeiten

	A	B	C	D
1		×	×	
2		×		
3				×
4		×		
5	×			
6				×
7			×	
8			×	
9	×		×	
10	×			

Seite 37

Aufgaben zum Trainieren

1 a) Parallelogramm: $A = 17,5 \text{ cm}^2$; $u = 17,2 \text{ cm}$
   b) Drachen: $A = 6 \text{ cm}^2$; $u = 10,4 \text{ cm}$
   c) Trapez: $A = 7,5 \text{ cm}^2$; $u = 11,4 \text{ cm}$

2 a) $a^2 = 20,25 \rightarrow a = 4,5$ [cm]
      Das Quadrat hat eine Seitenlänge von 4,5 cm.
   b) $26 = 2a + 2 \cdot 5,5 \rightarrow 2a = 15 \rightarrow a = 7,5$ [cm]
      Die andere Seite des Rechtecks ist 7,5 cm lang.
   c) $\frac{8 + c}{2} \cdot 6 = 39 \rightarrow 3 \cdot (8 + c) = 39 \rightarrow 24 + 3c = 39$
      $\rightarrow c = 5$ [cm]; Seite c hat eine Länge von 5 cm.
   d) $2a + 7 = 26 \rightarrow a = b = 9,5$ [cm]
      Die Seiten a und b sind jeweils 9,5 cm lang.
   e) $2 \cdot \pi \cdot r = 53,4 \rightarrow r = 8,5$ [cm]
      $A = \pi \cdot 8,5^2 = 227$ [cm^2]
      Der Kreis hat einen Radius von 8,5 cm und einen
      Flächeninhalt von 227 cm^2.
   f) $\pi \cdot r^2 = 490,9 \rightarrow r = 12,5$ [cm] $\rightarrow$ d = 25 [cm]
      $u = 2 \cdot \pi \cdot 12,5 = 78,5$ [cm]
      Der Kreis hat einen Durchmesser von 25 cm und
      einen Umfang von 78,5 cm.

3 $180° - 114,4° - 21,8° = 43,8°$

$\frac{\overline{PQ}}{\sin 21,8°} = \frac{\overline{QR}}{\sin 43,8°} \rightarrow \overline{PQ} = \frac{\overline{QR}}{\sin 43,8°} \cdot \sin 21,8°$

$\overline{PQ} = \frac{420 \text{ m}}{\sin 43,8°} \cdot \sin 21,8° \approx 225,35 \text{ m}$

Die Länge $\overline{PQ}$ beträgt rund 225 m.

4 a) Richtig, denn α ist Scheitelwinkel zum 73°-
      Winkel im Dreieck.
   b) Falsch, denn β hat eine Größe von 107°, da es der
      Nebenwinkel zum 73°-Winkel ist.
   c) Richtig, denn die Winkelsumme im Dreieck
      beträgt 180° und $180° - 73° - 46° = 61°$
   d) Falsch, denn $\gamma + \delta = 107°$. Also ist $\delta = 107° -$
      $61° = 46°$ (oder Argumentation über
      Wechselwinkel zum 46°-Winkel)
   e) Falsch, denn ε ist Nebenwinkel zum 46°-Winkel.
      Also ist $\varepsilon = 180° - 46° = 134°$ groß.

Seite 38

5 a) Konstruktion:
   Zeichne $\overline{BC} = 7{,}5$ cm. Zeichne eine Senkrechte s zu $\overline{BC}$ in B. Der Kreis um C mit dem Radius $\overline{AC} = 12{,}5$ cm schneidet s in A. Zeichne eine Senkrechte zu $\overline{AB}$ in A und eine Senkrechte zu $\overline{BC}$ in C. Der Schnittpunkt der beiden Senkrechten ist D.

b) $\overline{AC}^2 = \overline{AB}^2 + \overline{BC}^2$

   $\overline{AB} = \sqrt{\overline{AC}^2 - \overline{BC}^2}$

   $\overline{AB} = \sqrt{(125 \text{ m})^2 - (75 \text{ m})^2} = 100$ m

c) Umfang: $u = 2 \cdot \overline{AB} + 2 \cdot \overline{BC}$
   $\qquad u = 2 \cdot 100 \text{ m} + 2 \cdot 75 \text{ m} = 350$ m
   Anzahl der Pfeiler: 350 m : 5 m = 70
   Es sind 70 Zaunpfeiler zu setzen.

d) $A = \overline{AB} \cdot \overline{BC} = 100 \text{ m} \cdot 75 \text{ m} = 7500 \text{ m}^2$
   Der rechteckige Sportplatz ist 7500 m² groß.

e) Quadrat: $A = a^2$
   $a = \sqrt{A} = \sqrt{7500 \text{ m}^2} \approx 86{,}6$ m
   Die Seitenlänge beträgt ca. 86,6 m.

6 a) gemessener Abstand: 6 cm
   Abstand in der Realität:
   6 cm · 3 000 000 = 180 km
   Die Entfernung zwischen Oldenburg und Braunschweig beträgt etwa 180 km.

b) Man kann in die Karte ein Gitter einzeichnen und alle Kästchen zählen, die zu mehr als der Hälfte zu Niedersachsen gehören. Beträgt der Gitterabstand z. B. 5 mm, entspricht dies in der Realität 15 km und ein Kästchen einem Flächeninhalt von 250 km². Die Fläche von Niedersachsen ist 47 600 km² groß.

7 b) Radius: $r = 5$ cm
   Quadrat: $A = a^2$ Kreis: $A = \pi r^2$
   (1) Die blaue Fläche ist die Quadratfläche ohne die beiden Halbkreisflächen.

   $A = a^2 - 2 \cdot \frac{1}{2} r^2 = a^2 - \pi r^2$

   $A = (10 \text{ cm})^2 - \pi \cdot (5 \text{ cm})^2 \approx 21{,}5 \text{ cm}^2$

   (2) obere Hälfte: $A = \frac{1}{2}a^2 - 2 \cdot \frac{1}{4}\pi r^2$

   untere Hälfte: $A = \frac{1}{2}\pi r^2$

   gesamt: $A = \frac{1}{2}a^2 = \frac{1}{2} \cdot (10 \text{ cm})^2 = 50 \text{ cm}^2$

   (3) $A = a^2 - 4 \cdot \frac{1}{4}\pi r^2 = a^2 - \pi r^2$

   $A = (10 \text{ cm})^2 - \pi \cdot (5 \text{ cm})^2 \approx 21{,}5 \text{ cm}^2$

c) Kreis: $u = \pi d$

   (1) $u = 2a + 2 \cdot \frac{1}{2}\pi d = 2a + \pi d$

   $u = 2 \cdot 10 \text{ cm} + \pi \cdot 10 \text{ cm} \approx 51{,}4$ cm

   (3) $u = 4 \cdot \frac{1}{4}\pi d = \pi d = \pi \cdot 10 \text{ cm} \approx 31{,}4$ cm

d) (1) $\frac{21{,}5 \text{ cm}^2}{100 \text{ cm}^2} = 0{,}215 \triangleq 21{,}5 \%$

   (2) $\frac{50 \text{ cm}^2}{100 \text{ cm}^2} = 0{,}5 \triangleq 50 \%$

   (3) $\frac{21{,}5 \text{ cm}^2}{100 \text{ cm}^2} = 0{,}215 \triangleq 21{,}5 \%$

Seite 39

8 a) $\overline{BC} = \overline{AC}^2 + \overline{AB}^2 - 2 \cdot b \cdot c \cdot \cos \alpha$
   $\overline{BC} = 5{,}7^2 + 4{,}8^2 - 2 \cdot 5{,}7 \cdot 4{,}8 \cdot \cos 99°$
   $\overline{BC} \approx 64{,}09 \mid \sqrt{}$
   $a \approx 8$ [km]
   Der Waldweg ist ca. 8 km lang.

b) $\sin \gamma = \frac{4{,}8}{8} \cdot \sin 99° \approx 0{,}5926$
   $\gamma \approx 0{,}5926 \approx 36{,}34°$
   $\beta = 180° - 99° - 36{,}34° = 44{,}66°$
   Die beiden Winkelwerte lauten 36,34° und 44,66°.

9 a) A: $A = ah_a = 30 \text{ m} \cdot 40 \text{ m} = 1200 \text{ m}^2$

   B: $A = \frac{1}{2}(a + c) \cdot h$
   $\quad A = \frac{1}{2} \cdot (20 \text{ m} + 30 \text{ m}) \cdot 40 \text{ m} = 1000 \text{ m}^2$

   C: $A = ab = 35 \text{ m} \cdot 40 \text{ m} = 1400 \text{ m}^2$

   D: $A = \frac{1}{2}(a + c) \cdot h$
   $\quad A = \frac{1}{2} \cdot (20 \text{ m} + 30 \text{ m}) \cdot 40 \text{ m} = 1000 \text{ m}^2$

   E: $A = ab = 20 \text{ m} \cdot 40 \text{ m} = 800 \text{ m}^2$
   F: $A = ab = 35 \text{ m} \cdot 40 \text{ m} = 1400 \text{ m}^2$

b) maximale Anzahl der Quadratmeter:
   150 000 € : 130 € ≈ 1154
   Familie Meier könnte sich Grundstück B, D oder E kaufen.

c) b: Länge der Seite zwischen A und B
   $b^2 = (40 \text{ m})^2 + (30 \text{ m} - 20 \text{ m})^2$
   $b = \sqrt{(40 \text{ m})^2 + (30 \text{ m} - 20 \text{ m})^2} \approx 41{,}23$ m
   Umfang von Grundstück A: $u = 2(a + b)$
   $u \approx 2 \cdot (30 \text{ m} + 41{,}23 \text{ m}) = 142{,}46$ m
   Zaunlänge: 142,46 m − 3 m = 139,46 m
   Es werden ca. 139 m Zaun benötigt.

d) $A = ab$
   $b = \frac{A}{a} = \frac{1400 \text{ m}^2}{80 \text{ m}} = 17{,}5$ m

   Das Grundstück ist 17,5 m breit.

10a) Gesamtfläche: 400 m · 200 m = 80 000 m²
   Anteil der Erholungsfläche an der Gesamtfläche bei der alten Einteilung: $\frac{1}{4}$

   Flächengröße: $\frac{1}{4} \cdot 80\,000 \text{ m}^2 = 20\,000 \text{ m}^2$

   prozentualer Anteil: $p = \frac{W}{G} \cdot 100 = \frac{1}{4} \cdot 100 = 25$

alte Einteilung	Anteil	Fläche
Erholung	$\frac{1}{4} = 25 \%$	20 000 m²
Industrie	$\frac{5}{16} = 31{,}25 \%$	25 000 m²
Landwirtschaft	$\frac{7}{16} = 43{,}75 \%$	35 000 m²

neue Einteilung	Anteil	Fläche
Erholung	$\frac{1}{4} = 25 \%$	20 000 m²
Industrie	$\frac{1}{2} = 50 \%$	40 000 m²
Landwirtschaft	$\frac{1}{4} = 25 \%$	20 000 m²

b)

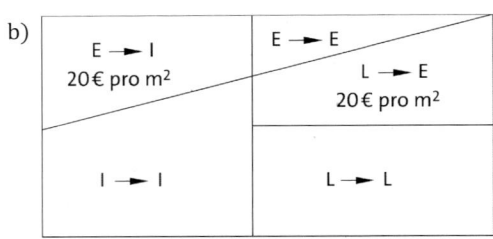

E: Erholungsfläche   I: Industriefläche
L: Landwirtschaftsfläche

c) Von der Gesamtfläche wird $\frac{1}{16}$ unverändert als
Erholungsfläche genutzt, $\frac{5}{16}$ werden unverändert
als Industriefläche und $\frac{1}{4}$ unverändert als
Landwirtschaftsfläche genutzt.

Anteil insgesamt: $\frac{1}{16} + \frac{5}{16} + \frac{1}{4} = \frac{5}{8}$

Flächengröße: $\frac{5}{8} \cdot 80\,000\ \text{m}^2 = 50\,000\ \text{m}^2$

Auf einer Fläche von 50 000 m² gibt es keine
Nutzungsänderung.

d) $\frac{3}{16} \cdot 80\,000\ \text{m}^2 = 15\,000\ \text{m}^2$

15 000 m² werden von einer Erholungsfläche zu
einer Industriefläche umgewandelt.

e) Fläche, die von Landwirtschaft zu Erholung
umgewandelt wird: $\frac{3}{16} \cdot 80\,000\ \text{m}^2 = 15\,000\ \text{m}^2$

zu \ von	Erholung	Landwirt-schaft	Industrie
Erholung	5 000 m²	–	15 000 m²
Industrie	15 000 m²	20 000 m²	–
Landwirt-schaft	–	–	25 000 m²

f) 15 000 · 20 € + 15 000 · 20 € = 600 000 €
Die Neuordnung kostet 600 000 €.

g) Beispielsweise kann die Erholungsfläche unverändert gelassen werden und die 15 000 m²,
die von der Landwirtschaft zur Erholung
umgewandelt werden sollten, werden nun zur
Industrie umgewandelt. Dies kostet 225 000 €.

Geometrie im Raum

Seite 40

Test zu den Grundfertigkeiten

	A	B	C	D
1		×		×
2	×			×
3			×	
4		×		
5	×			
6			×	
7		×		
8				×
9	×			×
10				×

Seite 41

Aufgaben zum Trainieren

1 a) $V = (12\ \text{cm})^3 = 1728\ \text{cm}^3$
$A_0 = 6 \cdot (12\ \text{cm})^2 = 864\ \text{cm}^2$

b) $V = 10\ \text{cm} \cdot 15\ \text{cm} \cdot 20\ \text{cm} = 3000\ \text{cm}^3$
$A_0 = 2 \cdot (10\ \text{cm} \cdot 15\ \text{cm} + 10\ \text{cm} \cdot 20\ \text{cm} + 15\ \text{cm} \cdot 20\ \text{cm}) = 1300\ \text{cm}^2$

c) $V = \left(\frac{1}{2} \cdot 6\ \text{cm} \cdot 8\ \text{cm}\right) \cdot 15\ \text{cm} = 360\ \text{cm}^3$
$A_0 = 2 \cdot \frac{1}{2}\,6\ \text{cm} \cdot 8\ \text{cm} + 15\ \text{cm} \cdot (6\ \text{cm} + 8\ \text{cm} + 10\ \text{cm}) = 408\ \text{cm}^2$

d) $V \approx 3053,6\ \text{cm}^3$; $A_0 = 1017,9\ \text{cm}^2$

e) $V = \frac{1}{3} \cdot (10\ \text{cm})^2 \cdot 15\ \text{cm} = 500\ \text{cm}^3$
$5^2 + 15^2 = h_a^2 \rightarrow h_a \approx 15,8\ [\text{cm}]$
$A_0 = (10\ \text{cm})^2 + 2 \cdot 10\ \text{cm} \cdot 15,8\ \text{cm} = 416\ \text{cm}^2$

f) $V = \frac{1}{3} \cdot \pi \cdot (9\ \text{cm})^2 \cdot 12\ \text{cm} \approx 1017,9\ \text{cm}^3$
$s^2 = 12^2 + 9^2 \rightarrow s = 15$
$A_0 = \pi \cdot 9\ \text{cm} \cdot 15\ \text{cm} \approx 424,1\ \text{cm}^2$

g) $V = \pi \cdot (4\ \text{cm})^2 \cdot 18\ \text{cm} \approx 904,8\ \text{cm}^3$
$A_0 = 2\pi \cdot (4\ \text{cm})^2 + 2\pi \cdot 4\,\text{cm} \cdot 18\ \text{cm} \approx 552,9\ \text{cm}^2$

2 a) $36^2 - 9^2 = h^2 \rightarrow h \approx 34,9\ [\text{cm}]$
$V = \frac{1}{3} \cdot (18\ \text{cm})^2 \cdot 34,9\ \text{cm} = 3769\ \text{cm}^3$
$A_0 = (18\ \text{cm})^2 + 2 \cdot 18\ \text{cm} \cdot 36\ \text{cm} = 1620\ \text{cm}^2$

b) $V = 7\ \text{cm} \cdot \frac{24\ \text{cm} + 16\ \text{cm}}{2} \cdot 40\ \text{cm} = 5600\ \text{cm}^3$
Länge der Schenkel des Trapezes: $s^2 = 7^2 + 4^2 \rightarrow s = 8,1\ [\text{cm}]$
$A_0 = 2 \cdot 7\ \text{cm} \cdot \frac{24\ \text{cm} + 16\ \text{cm}}{2} + (24\ \text{cm} + 16\ \text{cm} + 2 \cdot 8,1\ \text{cm}) \cdot 40\ \text{cm} = 2528\ \text{cm}^2$

c) $h^2 + 40^2 = 98,5^2 \rightarrow h = 90\ \text{mm}$
$V = \frac{1}{3} \cdot \pi \cdot (40\ \text{mm})^2 \cdot 90\ \text{mm} \approx 150\,796,4\ \text{mm}^3$
$A_0 = \pi \cdot 40\ \text{mm} \cdot 138,5\ \text{mm} \approx 17\,404,4\ \text{mm}^2$

d) $V = \frac{1}{2} \cdot \frac{4}{3} \cdot \pi \cdot (25\ \text{cm})^3 \approx 32\,724,9\ \text{cm}^3$
$A_0 = \pi \cdot (25\ \text{cm})^2 + \frac{1}{2} \cdot 4 \cdot \pi \cdot (25\ \text{cm})^2 \approx 5890,5\ \text{cm}^2$

3 a) $a^3 = 4913 \text{ cm}^3 \rightarrow a = 17 \text{ cm}$

b) $6a^2 = 3456 \text{ cm}^2 \rightarrow a = 24 \text{ cm}$

c) $2 \cdot (12 \cdot 8 + 8 \cdot c + 12 \cdot c) = 792 \rightarrow c = 15 \ [\text{cm}]$

d) $4 \cdot \pi \cdot r^2 = 15393,8 \text{ cm} \rightarrow r = 35 \text{ cm}$

e) $\frac{1}{3} \cdot (17 \text{ m})^2 \cdot h = 2023 \text{ m}^3 \rightarrow h = 21 \text{ m}$

f) $\pi \cdot r^2 \cdot 18 \text{ cm} = 9556,7 \text{ cm}^3 \rightarrow r = 13 \text{ cm}$

g) $\pi \cdot 7 \text{ cm} \cdot s = 305,7 \text{ cm}^2 \rightarrow s = 13,9 \text{ cm}$

$13,9^2 = 7^2 + h^2 \rightarrow h = 12 \ [\text{cm}]$

4 a) Trapez: $A = \frac{1}{2}(a + c) \cdot h$

$A = \frac{1}{2}(4,30 \text{ m} + 6,40 \text{ m}) \cdot 2,60 \text{ m} = 13,91 \text{ m}^2$

$V = 13,91 \text{ m}^2 \cdot 250 \text{ m} = 3477,5 \text{ m}^3$

$V = 3\,477\,500 \text{ l}$

Der Graben kann höchstens $3\,477\,500$ Liter Wasser fassen.

b) trapezförmiger Querschnitt ohne Wasser:

untere Trapezseite: $a = \frac{6,40 \text{ m} + 4,30 \text{ m}}{2} = 5,35 \text{ m}$

$A = \frac{1}{2}(5,35 \text{ m} + 6,40 \text{ m}) \cdot 1,30 \text{ m} = 7,6375 \text{ m}^2$

$V = 7,6375 \text{ m}^2 \cdot 250 \text{ m} = 1909,375 \text{ m}^3$

$V = 1\,909\,375 \text{ l}$

Der bis zur Hälfte gefüllte Graben kann noch $1\,909\,375$ Liter Wasser aufnehmen.

Seite 42

5 a) (1) Würfel, quadratische Pyramide

(2) Zylinder, Halbkugel

b) (1) Würfel: $V = a^3 = (4 \text{ cm})^3 = 64 \text{ cm}^3$

Pyramide:

$V = \frac{1}{3} A_G h = \frac{1}{3} a^2 h$

$V = \frac{1}{3} \cdot (4 \text{ cm})^2 \cdot 6 \text{ cm} = 32 \text{ cm}^3$

gesamter Körper:

$V = 64 \text{ cm}^3 + 32 \text{ cm}^3 = 96 \text{ cm}^3$

(2) Zylinder:

$V = \pi r^2 h = \pi \cdot (3 \text{ cm})^2 \cdot 5 \text{ cm} \approx 141,4 \text{ cm}^3$

Halbkugel:

$V = \frac{1}{2} \cdot \frac{4}{3} \pi r^3 = \frac{2}{3} \pi r^3$

$V = \frac{2}{3} \pi \cdot (3 \text{ cm})^3 \approx 56,5 \text{ cm}^3$

gesamter Körper:

$V \approx 141,4 \text{ cm}^3 + 56,5 \text{ cm}^3 \approx 198 \text{ cm}^3$

c) Grundfläche: $A_G = \pi r^2 = \pi \cdot (3 \text{ cm})^2 \approx 28,3 \text{ cm}^2$

Zylindermantel:

$A_M = 2\pi r h = 2\pi \cdot 3 \text{ cm} \cdot 5 \text{ cm} \approx 94,2 \text{ cm}^2$

Halbkugel:

$A = \frac{1}{2} \cdot 4\pi r^2 = 2\pi r^2 = 2\pi \cdot (3 \text{ cm})^2 \approx 56,5 \text{ cm}^2$

gesamter Körper:

$A_O \approx 28,3 \text{ cm}^2 + 94,2 \text{ cm}^2 + 56,5 \text{ cm}^2$

$A_O = 179 \text{ cm}^2$

6 a) $V = 30 \text{ cm} \cdot 15 \text{ cm} \cdot 10 \text{ cm} - 15 \text{ cm} \cdot 15 \text{ cm} \cdot 10 \text{ cm} = 6750 \text{ cm}^3$

b) $V = (4 \text{ cm})^3 - \pi \cdot (1,5 \text{ cm})^2 \cdot 2 \text{ cm} \approx 49,9 \text{ cm}^3$

c) $V = \pi \cdot (7,5 \text{ cm})^2 \cdot 6 \text{ cm} + \frac{1}{3} \cdot \pi \cdot (7,5 \text{ cm})^2 \cdot 15 \text{ cm}$

$\approx 1943,9 \text{ cm}^3$

d) $V = \frac{1}{3} \cdot (6 \text{ cm})^2 \cdot 7 \text{ cm} - \frac{1}{3} \cdot \pi \cdot (1 \text{ cm})^2 \cdot 3 \text{ cm}$

$\approx 80,9 \text{ cm}^3$

7 a) Maßstab 1 : 5000

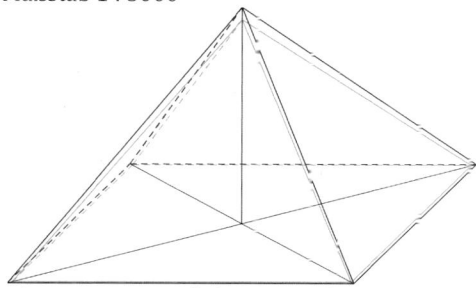

schwarz: ursprüngliche Pyramide

grau (innen): heutige Pyramide

b) ursprüngliche Pyramide:

Seitenlänge der Grundfläche:

$a = 440 \cdot 52,3 \text{ cm} = 23\,012 \text{ cm} = 230,12 \text{ m}$

Höhe:

$h = 280 \cdot 52,3 \text{ cm} = 14\,644 \text{ cm} = 146,44 \text{ m}$

$V = \frac{1}{3} A_G h = \frac{1}{3} a^2 h$

$V = \frac{1}{3} \cdot (230,12 \text{ m})^2 \cdot 146,44 \text{ m} \approx 2,585 \text{ Mio. m}^3$

heutige Pyramide:

$V = \frac{1}{3} \cdot (225 \text{ m})^2 \cdot 138,50 \text{ m} \approx 2,337 \text{ Mio. m}^3$

Das Volumen der ursprünglichen Pyramide betrug ca. $2,585$ Mio. m^3, die heutige Pyramide hat ein Volumen von ca. $2,337$ Mio. m^3.

c) $2,585$ Mio. m$^3 - 2,337$ Mio. m$^3 = 248\,000 \text{ m}^3$

Es sind ca. $248\,000 \text{ m}^3$ Gestein verwittert.

d) h_S: Seitenhöhe der ursprünglichen Pyramide

$h_S^2 = h^2 + \left(\frac{a}{2}\right)^2$

$h_S = \sqrt{h^2 + \left(\frac{a}{2}\right)^2}$

$h_S = \sqrt{(146,44 \text{ m})^2 + \left(\frac{230,12 \text{ m}}{2}\right)^2} \approx 186,24 \text{ m}$

Mantelfläche: $A_M = 4 \cdot \frac{1}{2} a h_S = 2 a h_S$

$A_M \approx 2 \cdot 230,12 \text{ m} \cdot 186,24 \text{ m} \approx 85\,700 \text{ m}^2$

Die Lexikonangaben können stimmen.

Größe der Hohlräume:

$2,585$ Mio. m$^3 - 2,5$ Mio. m$^3 = 85\,000 \text{ m}^3$

Die Hohlräume sind ca. $85\,000 \text{ m}^3$ groß.

8 a) $V = \frac{1}{3} A_G h = \frac{1}{3} a^2 h = \frac{1}{3} \cdot (6 \text{ cm})^2 \cdot 10 \text{ cm} = 120 \text{ cm}^3$

h_S: Seitenhöhe

$h_S^2 = h^2 + \left(\frac{a}{2}\right)^2$

$h_S = \sqrt{h^2 + \left(\frac{a}{2}\right)^2}$

$h_S = \sqrt{(10 \text{ cm})^2 + \left(\frac{6 \text{ cm}}{2}\right)^2} \approx 10,44 \text{ cm}$

$A_O = a^2 + 4 \cdot \frac{1}{2} a h_S = a^2 + 2 a h_S$

$A_O \approx (6 \text{ cm})^2 + 2 \cdot 6 \text{ cm} \cdot 10,44 \text{ cm} \approx 161 \text{ cm}^2$

b) Radius: $r = 6 \text{ cm}$

$V = \pi r^2 h = \pi \cdot (6 \text{ cm})^2 \cdot 27 \text{ cm} \approx 3054 \text{ cm}^3$

$A_O = 2\pi r (r + h)$

$A_O = 2\pi \cdot 6 \text{ cm} \cdot (6 \text{ cm} + 27 \text{ cm}) \approx 1244 \text{ cm}^2$

c) Radius: $r = 4$ dm
$V = \pi r^2 h$

$h = \frac{V}{\pi r^2} = \frac{400\ \text{dm}^3}{\pi \cdot (4\ \text{dm})^2} \approx 7{,}96$ dm

Die Regentonne ist ca. 79,6 cm hoch.

d) Innenradius: $r = 12{,}5$ mm
Innenvolumen der Kugel:

$V = \frac{4}{3}\pi r^3 = \frac{4}{3}\pi \cdot (12{,}5\ \text{mm})^3 \approx 8181\ \text{mm}^3$

Marzipanvolumen: $8181\ \text{mm}^3 : 2 \approx 4090\ \text{mm}^3$
Die Marzipanfüllung nimmt ca. 4,09 cm³ ein.

e) $A_0 = 4\pi r^2 = 4\pi \cdot (11\ \text{cm})^2 \approx 1521\ \text{cm}^2$
Zur Herstellung des Balls werden ca. 1521 cm²
Leder benötigt. Die Angabe eines genauen
Wertes ist auf Grund der Nähte zwischen den
Fünf- und Sechsecken schwierig. Der Ball ist nur
näherungsweise eine Kugel.

f) Bei der Rotation entsteht jeweils ein Kreiskegel.

$V = \frac{1}{3}\pi r^2 h$

Rotation um Kathete b:
Radius: $r = c$ Höhe: $h = b$

$V = \frac{1}{3}\pi c^2 b = \frac{1}{3}\pi \cdot (4\ \text{cm})^2 \cdot 3\ \text{cm} \approx 50{,}27\ \text{cm}^3$

Rotation um Kathete c:
Radius: $r = b$ Höhe: $h = c$

$V = \frac{1}{3}\pi b^2 c = \frac{1}{3}\pi \cdot (3\ \text{cm})^2 \cdot 4\ \text{cm} \approx 37{,}70\ \text{cm}^3$

Seite 43

9 a) Innenradius: 25 cm   Innenhöhe: 55 cm

$V = \frac{1}{3}\pi r^2 h = \pi \cdot (25\ \text{cm})^2 \cdot 55\ \text{cm} \approx 108\,000\ \text{cm}^3$

$V \approx 0{,}108\ \text{m}^3$

Der Kübel enthält ausgefüllt ca. 0,108 m³ Erde.

b) Außenvolumen des Zylinders:
$V = \pi \cdot (30\ \text{cm})^2 \cdot 60\ \text{cm} \approx 170\,000\ \text{cm}^3$
Betonvolumen:
$170\,000\ \text{cm}^3 - 108\,000\ \text{cm}^3 = 62\,000\ \text{cm}^3$

Dichte: $\rho = \frac{m}{V}$ $m = \rho \cdot V$

$m \approx 2{,}3\ \frac{\text{g}}{\text{cm}^3} \cdot 62\,000\ \text{cm}^3 = 142\,600\ \text{g} \approx 143\ \text{kg}$

Der leere Kübel wiegt ca. 143 kg.

c) $A = \pi r^2 + 2\pi r h$
$A = \pi \cdot (0{,}25\ \text{m})^2 + 2\pi \cdot 0{,}25\ \text{m} \cdot 0{,}55\ \text{m}$
$A \approx 1{,}06\ \text{m}^2$
12 Kübel: $12 \cdot 1{,}06\ \text{m}^2 \approx 12{,}7\ \text{m}^2$
Die Schutzschicht muss für ca. 12,7 m² reichen.

10 a) Bei einer Schutthöhe von $h_S = 0{,}15$ m bildet die
Schuttmenge ein auf der Seite liegendes Prisma
mit einer trapezförmigen Grundfläche. Das
Trapez setzt sich aus einem 1,60 m langen
Rechteck in der Mitte und rechtwinkligen
Dreiecken an den Seiten zusammen, welche
wegen der Winkel von 45° gleichschenklig sind
mit 0,15 m langen Schenkeln.
obere Trapezseite:

$c = 1{,}60\ \text{m} + 2 \cdot 0{,}15\ \text{m} = 1{,}90\ \text{m}$

$A_G = \frac{1}{2}(a + c) \cdot h_S$

$A_G = \frac{1}{2} \cdot (1{,}60\ \text{m} + 1{,}90\ \text{m}) \cdot 0{,}15\ \text{m} = 0{,}2625\ \text{m}^2$

$V = A_G h = 0{,}2625\ \text{m}^2 \cdot 2\ \text{m} = 0{,}525\ \text{m}^3$

Analog erfolgt die Berechnung für die
Schutthöhen von 0,30 m, 0,45 m und 0,60 m.

Schutthöhe in m	0	0,15	0,30	0,45
Volumen in m³	0	0,525	1,14	1,845

Schutthöhe in m	0,60	0,75	0,90
Volumen in m³	2,64	3,435	4,14

Die Schuttmenge bei einer Schutthöhe von
0,75 m ist um ein Prisma mit trapezförmiger
Grundfläche größer als die Menge bei 0,60 m
Höhe.
Höhe des Trapezes: $0{,}75\ \text{m} - 0{,}60\ \text{m} = 0{,}15\ \text{m}$
obere Trapezseite:

$\frac{1}{2} \cdot (2{,}80\ \text{m} + 2{,}20\ \text{m}) = 2{,}50\ \text{m}$

$A_G = \frac{1}{2} \cdot (2{,}80\ \text{m} + 2{,}50\ \text{m}) \cdot 0{,}15\ \text{m}$

$A_G = 0{,}3975\ \text{m}^2$

$V = A_G h = 0{,}3975\ \text{m}^2 \cdot 2\ \text{m} = 0{,}795\ \text{m}^3$

Schuttmenge gesamt:
$2{,}64\ \text{m}^3 + 0{,}795\ \text{m}^3 = 3{,}435\ \text{m}^3$

Bei einer Schutthöhe von 0,90 m kommt
ebenfalls ein Prisma mit trapezförmiger
Grundfläche zur Schuttmenge bei 0,60 m Höhe
hinzu. Das Trapez ist 0,30 m hoch, die untere
Seite 2,80 m und die obere Seite 2,20 m lang.

$A_G = \frac{1}{2} \cdot (2{,}80\ \text{m} + 2{,}20\ \text{m}) \cdot 0{,}30\ \text{m} = 0{,}75\ \text{m}^2$

$V = A_G h = 0{,}75\ \text{m}^2 \cdot 2\ \text{m} = 1{,}5\ \text{m}^3$

Schuttmenge gesamt:
$2{,}64\ \text{m}^3 + 1{,}5\ \text{m}^3 = 4{,}14\ \text{m}^3$

b) Der Container enthält nicht die halbe Menge
seines Volumens, wenn er bis zur Hälfte gefüllt
ist, da er oben länger ist als unten.

c) Maßstab 1 : 60

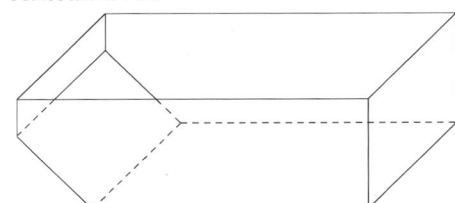

11 a) Maßstab 1 : 10 000

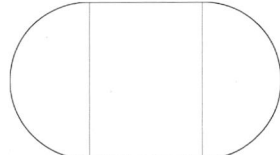

b) Der Fläche von acht z. B. 7350 m² großen
Fußballfeldern (105 m lang, 70 m breit) ist
kleiner als die Grundfläche der Halle. Dennoch
lassen sie sich nicht so anordnen, dass sie in die
Halle passen. Zur Überprüfung können
maßstäbliche Fußballfelder ausgeschnitten und
auf der Zeichnung der Grundfläche (Maßstab
z. B. 1 : 2000) angeordnet werden.

c) Die Halle besteht aus einem liegenden Halbzylinder in der Mitte und zwei Viertelkugeln an den beiden Seiten. Ein Rechteck zwischen zwei Halbkreisen bildet die Grundfläche. Die weitere Oberfläche setzt sich zusammen aus einem halben Zylindermantel und zwei Viertel Kugeloberflächen.

12a) s: Länge der Trapezschenkel

$$s^2 = (3 \text{ cm})^2 + (1 \text{ cm})^2$$

$$s = \sqrt{(3 \text{ cm})^2 + (1 \text{ cm})^2} \approx 3{,}162 \text{ cm}$$

Die Schenkel des Trapezes sind ca. 3,162 cm lang.

b) e: Diagonale im Trapez

$$e^2 = (4 \text{ cm})^2 + (3 \text{ cm})^2$$

$$e = \sqrt{(4 \text{ cm})^2 + (3 \text{ cm})^2} = 5 \text{ cm}$$

Berechnung der Diagonalenabschnitte e_1 und e_2 von ihrem Schnittpunkt bis zu den Ecken mit dem Strahlensatz:

$$\frac{e_1}{3 \text{ cm}} = \frac{e_2}{5 \text{ cm}} = \frac{5 \text{ cm} - e_1}{5 \text{ cm}}$$

$$5e_1 = 15 \text{ cm} - 3e_1$$

$e_1 = 1{,}875 \text{ cm}; \; e_2 = 3{,}125 \text{ cm}$

Abstand des Randes des Bohrlochs zu den Ecken:

$1{,}875 \text{ cm} - 0{,}6 \text{ cm} = 1{,}275 \text{ cm}$

$3{,}125 \text{ cm} - 0{,}6 \text{ cm} = 2{,}525 \text{ cm}$

Der Abstand des Randes des Bohrloches zu den oberen Ecken beträgt 1,275 cm und zu den unteren Ecken 2,525 cm.

c) Flächeninhalt der vorderen und hinteren Fläche:

$$A = \frac{1}{2}(a + c) h_T - \pi r^2$$

$$A = \frac{1}{2} \cdot (5 \text{ cm} + 3 \text{ cm}) \cdot 3 \text{ cm} - \pi \cdot (0{,}6 \text{ cm})^2$$

$$A \approx 10{,}87 \text{ cm}^2$$

$$2A \approx 2 \cdot 10{,}87 \text{ cm}^2 = 21{,}74 \text{ cm}^2$$

Flächeninhalt der linken und rechten Seitenfläche:

$$A = sh \approx 3{,}162 \text{ cm} \cdot 8 \text{ cm} \approx 25{,}30 \text{ cm}^2$$

$$2A \approx 2 \cdot 25{,}30 \text{ cm}^2 = 50{,}60 \text{ cm}^2$$

Flächeninhalt der oberen Seitenfläche:

$A = ch = 3 \text{ cm} \cdot 8 \text{ cm} = 24 \text{ cm}^2$

Flächeninhalt der unteren Seitenfläche:

$A = ah = 5 \text{ cm} \cdot 8 \text{ cm} = 40 \text{ cm}^2$

Fläche der Bohrung:

$A = 2\pi rh = 2\pi \cdot 0{,}6 \text{ cm} \cdot 8 \text{ cm} \approx 30{,}16 \text{ cm}^2$

Gesamtoberfläche:

$$A \approx 21{,}74 \text{ cm}^2 + 50{,}60 \text{ cm}^2 + 24 \text{ cm}^2 + 40 \text{ cm}^2 + 30{,}16 \text{ cm}^2$$

$$A \approx 166{,}5 \text{ cm}^2$$

Die Gesamtoberfläche beträgt ca. 166,5 cm².

d) Grundfläche des Prismas:

$$A = \frac{1}{2}(a + c) h_T$$

$$A = \frac{1}{2} \cdot (5 \text{ cm} + 3 \text{ cm}) \cdot 3 \text{ cm} = 12 \text{ cm}^2$$

Volumen des Prismas:

$V = A_G h = 12 \text{ cm}^2 \cdot 8 \text{ cm} = 96 \text{ cm}^3$

Volumen des Kreiszylinders:

$V = \pi r^2 h = \pi \cdot (0{,}6 \text{ cm})^2 \cdot 8 \text{ cm} \approx 9{,}05 \text{ cm}^3$

Volumen des Körpers:

$V \approx 96 \text{ cm}^3 - 9{,}05 \text{ cm}^3 = 86{,}95 \text{ cm}^3$

Masse des Körpers:

$$\rho = \frac{m}{V}$$

$$m = \rho \cdot V \approx 7{,}8 \frac{\text{g}}{\text{cm}^3} \cdot 86{,}95 \text{ cm}^3 \approx 678{,}2 \text{ g}$$

Die Masse des Körpers beträgt ca. 678,2 g.

Beschreibende Statistik

Seite 44

Test zu den Grundfertigkeiten

	A	B	C	D
1 a)	×		×	
1 b)	×			
2 a)			×	
2 b)		×		
2 c)			×	
3			×	
4		×	×	×
5	×			×

Seite 45

Aufgaben zum Trainieren

1. a)

Personen	1	2	3	4	5
abs. Häufigkeit	23	16	3	6	2
rel. Häufigkeit	0,46	0,32	0,06	0,12	0,04

b)

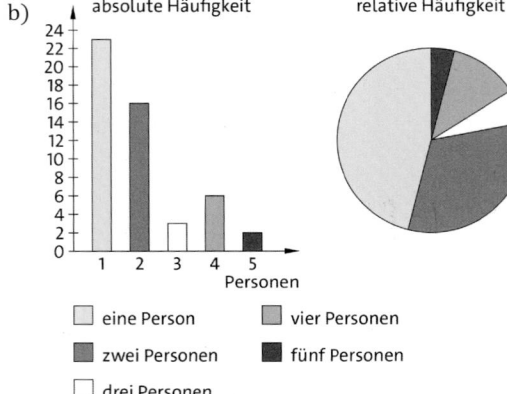

- eine Person
- zwei Personen
- drei Personen
- vier Personen
- fünf Personen

Ein Kreisdiagramm eignet sich gut zum Veranschaulichen von relativen Häufigkeiten.

c) $\frac{23 \cdot 1 + 16 \cdot 2 + 3 \cdot 3 + 6 \cdot 4 + 2 \cdot 5}{50} = \frac{98}{50} = 1,96$

Durchschnittlich saßen 1,96 Personen in einem Pkw.

d) Am häufigsten trat eine Person pro PKW auf.

e) Median: 2

2. a) Arithmetisches Mittel = Summe aller Einzelbeträge geteilt durch die Anzahl
Arithmetisches Mittel = 21,20 €
Spannweite = 50 € − 5 € = 45 €

b) • Jungen:

Median: $\frac{19 \,€ + 24 \,€}{2} = 21,5 \,€$

unterer Viertelwert: $\frac{11 \,€ + 13 \,€}{2} = 12 \,€$

oberer Viertelwert: $\frac{25 \,€ + 27 \,€}{2} = 26 \,€$

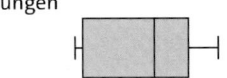

Median: $\frac{12 \,€ + 15 \,€}{2} = 13,5 \,€$

unterer Viertelwert: $\frac{8 \,€ + 10 \,€}{2} = 9 \,€$

oberer Viertelwert: $\frac{42 \,€ + 43 \,€}{2} = 42,5 \,€$

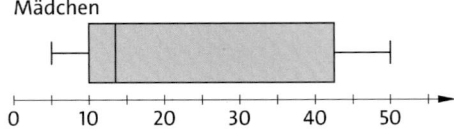

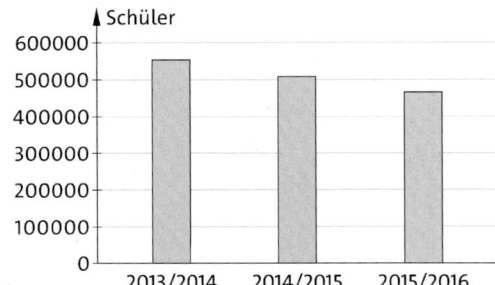

c) Minimum = 5 €
Maximum = 50 €

d) z. B.: 1 €, 2 €, 3 €, 5 €, 17 €, 17 €, 18 €

3. a) Es gab etwa 2900 Hauptschulen (genaue Anzahl 2892) in Deutschland.

b) Die erste Aussage ist korrekt, denn
$\frac{28114 - 25886}{28114} \approx 0,079 \approx 8\,\%$

Die zweite Aussage ist falsch, denn die Anzahl der Hauptschulen ist „nur" von etwa 3200 auf 2900 Schulen gesunken.

Die dritte Aussage ist richtig, denn
508 000 : 28 114 ≈ 18

c) Jans Aussage ist richtig, denn
466 000 : 25 886 ≈ 18 und 18 · 9 = 160.

d) faires Säulendiagramm

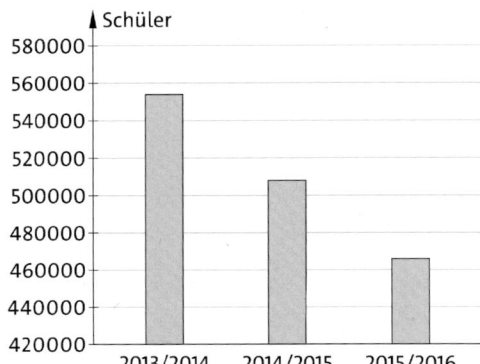

stark „schrumpfendes" Säulendiagramm

e) Anzahl Schulen: etwa −5%
Anzahl Schüler: etwa −8%
Anzahl Klassen: etwa −8%
Die Anzahl der Klassen und der Schüler sind im gleichen Maße gesunken, die Anzahl der Hauptschulen weniger stark.

Wahrscheinlichkeits-rechnung

Seite 46

Test zu den Grundfertigkeiten

	A	B	C	D
1				×
2		×		
3		×		
4			×	
5	×		×	×
6	×			
7	×		×	
8		×		
9				×
10	×			

Seite 47

Aufgaben zum Trainieren

1 a)

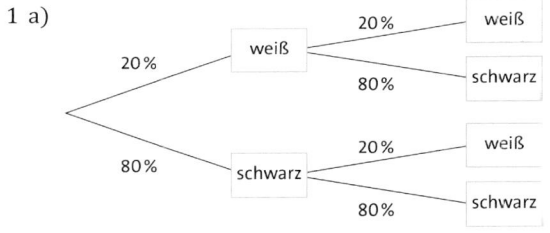

b) $P(\text{s;s}) = 0,8 \cdot 0,8 = 0,64 = 64\,\%$
c) $P(\text{w;s}) = 0,2 \cdot 0,8 = 0,16 = 16\,\%$
d) $P(\text{beide Farben gleich}) = P(\text{s;s}) + P(\text{w;w})$
$= 0,8 \cdot 0,8 + 0,2 \cdot 0,2$
$= 0,64 + 0,04 = 0,68 = 68\,\%$
e) Die Wahrscheinlichkeiten verändern sich nicht.
f) $P(\text{w}) = 0,2 \qquad 0,2 \cdot 30 = 6$
$P(\text{s}) = 0,8 \qquad 0,8 \cdot 30 = 24$
Es müssen 6 weiße und 24 schwarze Felder sein

2. a) $P(\text{beide Kugeln blau}) = \frac{5}{9} \cdot \frac{5}{9} = \frac{25}{81}$

$P(\text{beide Kugeln schwarz}) = \frac{4}{9} \cdot \frac{4}{9} = \frac{16}{81}$

Wahrscheinlichkeit gesamt: $\frac{25}{81} + \frac{16}{81} = \frac{41}{81} \approx 0,506$
Die Wahrscheinlichkeit, beim Ziehen mit Zurücklegen zwei gleichfarbige Kugeln zu ziehen, beträgt ca. 0,506.

b) $P(\text{beide Kugeln blau}) = \frac{5}{9} \cdot \frac{4}{8} = \frac{20}{72}$

$P(\text{beide Kugeln schwarz}) = \frac{4}{9} \cdot \frac{3}{8} = \frac{12}{72}$

Wahrscheinlichkeit gesamt: $\frac{20}{72} + \frac{12}{72} = \frac{4}{9} \approx 0,444$

Die Wahrscheinlichkeit, beim Ziehen ohne Zurücklegen zwei gleichfarbige Kugeln zu ziehen, beträgt ca. 0,444.

c) Dass die Kugeln unterschiedliche Farben haben, ist das Gegenereignis dazu, dass sie gleichfarbig sind.

$P(\text{Farben verschieden}) = 1 - \frac{41}{81} = \frac{40}{81} \approx 0,494$

Die Wahrscheinlichkeit, beim Ziehen mit Zurücklegen zwei Kugeln mit unterschiedlichen Farben zu ziehen, beträgt ca. 0,494.

d) $P(\text{erst blau, dann andere}) = \frac{5}{11} \cdot \frac{6}{10} = \frac{30}{110}$

$P(\text{erst schwarz, dann andere}) = \frac{4}{11} \cdot \frac{7}{10} = \frac{28}{110}$

$P(\text{erst weiß, dann andere}) = \frac{2}{11} \cdot \frac{9}{10} = \frac{18}{110}$

Wahrscheinlichkeit gesamt:
$\frac{30}{110} + \frac{28}{110} + \frac{18}{110} = \frac{38}{55} \approx 0,691$
Die Wahrscheinlichkeit, beim Ziehen ohne Zurücklegen zwei verschiedenfarbige Kugeln zu ziehen, beträgt ca. 0,691.

3. Es gibt $6 \cdot 6 = 36$ gleich wahrscheinliche Ereignisse.
a) $\frac{1}{36} \approx 0,028$
b) $\frac{6}{36} = \frac{1}{6} \approx 0,167$
c) $\frac{6}{36} = \frac{1}{6} \approx 0,167$
d) $\frac{15}{36} = \frac{5}{12} \approx 0,417$
e) $\frac{15}{36} = \frac{5}{12} \approx 0,417$

4. a) Die Tochter hat das defekte Gen mit einer Wahrscheinlichkeit von $\frac{1}{2} = 0,5$.
b) Da ein Sohn vom Vater das Y-Chromosom erhält, spielt es keine Rolle, ob der Vater Träger der Krankheit ist. Besitzt die Mutter kein defektes Gen, beträgt die Wahrscheinlichkeit 0, einen Sohn mit dem defekten Gen zu bekommen. Die Wahrscheinlichkeit, dass die Eltern einen Sohn bekommen, liegt bei $\frac{1}{2}$. Besitzt die Mutter genau ein defektes Gen, beträgt die Wahrscheinlichkeit $\frac{1}{2}$, dass der Sohn dieses bekommt. Die Wahrscheinlichkeit, einen Sohn mit defektem Gen zu bekommen, beträgt dann $\frac{1}{2} \cdot \frac{1}{2} = \frac{1}{4} = 0,25$. Enthalten beide X-Chromosome der Mutter das defekte Gen, beträgt die Wahrscheinlichkeit, einen Sohn mit dem defekten Gen zu bekommen, $\frac{1}{2} \cdot 1 = \frac{1}{2} = 0,5$.

Gemischte Aufgaben

Darts

Seite 48

a) (1) $501 - (3 \cdot 20 - 3 \cdot 19 - 20)$ ist falsch. Korrekt
wäre z. B. der Term $501 - (3 \cdot 20 + 3 \cdot 19 + 20)$
(2) $501 - 3 \cdot 20 + 19 - 20$ ist ebenfalls falsch.
Korrekt wäre z.B. $501 - 3 \cdot (20 + 19) - 20$
(3) $501 - 4 \cdot 20 - 3 \cdot 19$ ist richtig.

b) Es gibt mehr als 70 Möglichkeiten für einen 9-Darter. Die gängigste Möglichkeit ist siebenmal die Dreifach-20, einmal die Dreifach-19 und die Doppel-12.

c) Flächeninhalt Bull's Eye:
$A = \pi \cdot (6{,}35 \text{ mm})^2 \approx 126{,}7 \text{ mm}^2$
Flächeninhalt Bull-Ring:
$A = \pi \cdot (15{,}9 \text{ mm})^2 - \pi \cdot (6{,}35 \text{ mm})^2 = 667{,}5 \text{ mm}^2$

d) $12{,}57 \text{ dm} = \pi \cdot d \rightarrow d = 4 \text{ dm} \rightarrow r = 2 \text{ dm}$

e) $P(\text{Spieler trifft Bull's Eye}) = \frac{8}{20} = \frac{40}{100} = 40\%$

f) $P(\text{Spieler trifft zweimal Bull's Eye}) = 0{,}4 \cdot 0{,}4 = 0{,}16 = 16\%$

Gotthard-Basistunnel

Seite 49

a) $53{,}8 \text{ km}$ entspricht $100\% \rightarrow 57 \text{ km}$ entspricht ca. 106%
Der Gotthard-Basistunnel ist 3,2 km und damit ca. 6 % länger als der Seikan-Eisenbahntunnel.

b) 85,5 km mit vier Tunnelbohrmaschinen in acht Jahren → 21,375 km mit einer Tunnelbohrmaschine in acht Jahren → 2,672 km pro Tunnelbohrmaschine und Jahr.
Geht man davon aus, dass an allen 365 Tagen im Jahr gearbeitet wurde, entspricht dies einer durchschnittlichen Vortriebsleistung von 7,32 m pro Tag und Tunnelbohrmaschine.

c) 160 km in 60 Minuten → ≈ 21,4 min für 57 km
Ein 160 km/h schneller Güterzug braucht etwas mehr als 21 Minuten, um den Gotthard-Basistunnel zu durchfahren.

d) 15 Minuten für 57 km → 228 km/h
Die Passagierzüge erreichen Durchschnittsgeschwindigkeiten von deutlich mehr als 220 km/h.

e) $785 \text{ m}^3 = \pi \cdot (2{,}5 \text{ m})^2 \cdot h \rightarrow h \approx 40 \text{ m}$
Die Querschläge sind ca. 40 m lang.

f) $2600000 \text{ m}^3 = \frac{1}{3} \cdot a^2 \cdot 146{,}6 \text{ m} \rightarrow a = 230{,}7 \text{ m}$
Die Grundfläche der Cheops-Pyramide hatte eine Seitenlänge von ca. 230,7 m.

g) Durchmesser einer Röhre (= Durchmesser des Bohrkopfes) = 9,5 m → $r = 4{,}75$ m
$V = \pi \cdot (4{,}75 \text{ m})^2 \cdot 57000 \text{ m}$
$= 4040284{,}5 \text{ m}^3 > 2{,}6 \text{ Mio. m}^3$
Mathis Aussage ist richtig.

Ice Bucket Challenge

Seite 50

a) Für den 01. August wurden drei Personen nominiert und für den 02. August neun Personen.

b) Die Funktionsvorschrift lautet: $f(x) = 3x$.

c) Ergänze die folgende Tabelle:

Tag	31.07.	01.08.	02.08.	03.08.	04.08.
Teilnehmer am Tag	1	3	9	27	81
Teilnehmer insgesamt	1	4	13	40	121

Tag	05.08.	06.08.	07.08.	08.08.
Teilnehmer am Tag	243	729	2187	6561
Teilnehmer insgesamt (seit 31.07.)	364	1093	3280	9841

d) In Zelle D4 steht die Formel „=D3+C4".
In der Zelle C5 kann stehen: „=C4*3" oder „=3*C4" oder „=POTENZ(3;B5)".

e)

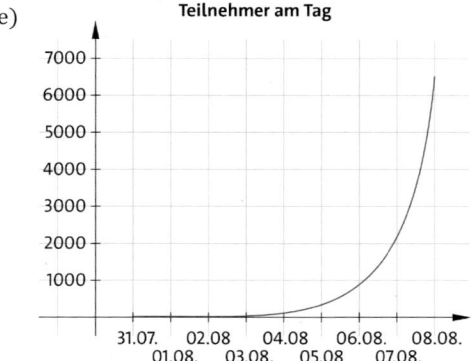

f) Am 10.08. nahmen 59 049 Personen an der „Ice Bucket Challenge" teil.

g) Bis zum 20. August nahmen ca. 5,2 Milliarden Menschen an der „Ice Bucket Challenge" teil. Somit standen für den 21.08. die letzten Nominierungen an.

h) Voraussetzungen:
Jeder Teilnehmer nominiert genau drei weitere Teilnehmer.
Es gibt keine Doppelnominierungen (d. h. eine Person wird nicht zweimal oder häufiger nominiert).
Alle Teilnehmer nehmen an der Aktion teil und führen diese am Folgetag durch.

Riesenrad

Seite 51

a) Mit dem Term 1120 : 28 wird die Anzahl an Personen berechnet, die in einer Gondel Platz finden.

b) Melissa Aussage ist falsch, denn das Riesenrad dreht sich in einer Stunde zweimal. Also können bis zu $1120 \cdot 15 \cdot 2 = 33\,600$ Personen das Riesenrad benutzen.

c) $u = \pi \cdot 158,5$ m $\approx 497,9$ m
Der Radumfang beträgt fast 500 m.

d) 497,9 m pro 30 min → 995,8 m pro Stunde; also dreht sich das Rad mit einer Geschwindigkeit von ca. 1 km/h.

e) $\pi \cdot d = 471$ m → $d \approx 149,9$ m
Der „Singapore Flyer" hat einen Durchmesser von ca. 150 m.

f) 0,76 km/h → 78,95 min pro km → 37,2 min pro 471 m (Radumfang)
Eine Radumdrehung dauert ca. 37 min und 12 s.

g) 6371 km ist der Erdradius.
6371 km − 168 m = 6371,168 km ist der Erdradius plus die Höhe des „Las Vegas High Roller"
→ Satz des Pythagoras: $6371^2 + x^2 = 6371,168^2$
→ $x = 46,27$ [km]
Bei freier Sicht ist es möglich, den Hoover Damm zu sehen, da er weniger als 46 km vom „Las Vegas High Roller" entfernt ist.

Erstes Prüfungsbeispiel

Prüfungsteil 1: Allgemeiner Teil

1. a) 216,5
   b) 32,475
   c) $3\frac{1}{3}$
   d) $\frac{1}{15}$

2. $-\frac{13}{10} < \sqrt{0,36} < \frac{5}{6} < \frac{11}{10} < 1,3$

3. Tim: $\frac{3}{8} = \frac{12}{32}$; Pia: $\frac{1}{4} = \frac{8}{32}$; Thomas: $\frac{6}{32}$

   $\frac{32}{32} - \frac{12}{32} - \frac{8}{32} - \frac{6}{32} = \frac{6}{32} = \frac{3}{16}$

   $\frac{6}{32}$ $\left(\text{oder } \frac{3}{16}\right)$ der Torte bleiben für Jenny übrig.

4. a) $t = \frac{s}{v} = \frac{2400 \text{ km}}{80 \text{ km/h}} = 30 \text{ h}$

   Die Zeit für die reine Fahrtstrecke beträgt 30 Stunden.
   b) ohne Pausen: $30 \text{ h} = 8 \text{ h} + 8 \text{ h} + 8 \text{ h} + 6 \text{ h}$

   mit Pausen:
   $8 \text{ h} + 6 \text{ h} + 8 \text{ h} + 6 \text{ h} + 8 \text{ h} + 6 \text{ h} + 6 \text{ h} = 48 \text{ h}$
   Der Fahrer benötigt mit Ruhepausen 48 Stunden.
   c) $x = \frac{65 \, l \cdot 2400 \text{ km}}{100 \text{ km}} = 1560 \, l$
   Der LKW benötigt 1560 Liter Diesel.

5. $A = 4 \text{ cm} \cdot 4 \text{ cm} + \frac{4 \text{ cm} \cdot 2 \text{ cm}}{2} = 20 \text{ cm}^2$
   $u = 4 \text{ cm} + 4 \text{ cm} + 3 \text{ cm} + 3 \text{ cm} + 4 \text{ cm} = 18 \text{ cm}$

6. 10 % von 100 kg sind 10 kg.
   5 % von 10 kg sind 0,5 kg.

7. $1 \to d$); $2 \to c$); $3 \to b$)

8. proportional, antiproportional, proportional, proportional

9.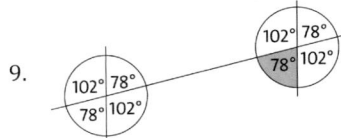

10. „Mindestens einmal Wappen" bedeutet, dass es einmal vorkommen muss, aber auch, dass es mehrmals vorkommen kann. Dadurch sind alle Möglichkeiten, die man beim Werfen einer Münze erhalten kann, in der Forderung enthalten.

11. a) $s = 4(x + y + z)$
    b) $\frac{x}{3} + \frac{y}{6} = 2x - 4y$

Prüfungsteile 2: Pflichtteil

1. a) Höhe der Pyramide bzw. des Quaders:
   $h_k = \sqrt{(8,38 \text{ cm})^2 - (2,5 \text{ cm})^2} \approx 8,00 \text{ cm}$
   $V_{weiß} = 5 \text{ cm} \cdot 5 \text{ cm} \cdot 8 \text{ cm} - \frac{5 \text{ cm} \cdot 5 \text{ cm} \cdot 8 \text{ cm}}{3}$
   $V_{weiß} \approx 133,33 \text{ cm}^3$
   Das Volumen beträgt ca. 133,33 cm³.
   b) $O = 5 \text{ cm} \cdot 5 \text{ cm} + 4 \cdot \frac{8,38 \text{ cm} \cdot 5 \text{ cm}}{2} = 108,80 \text{ cm}^2$
   Man benötigt ca. 109 cm² Geschenkpapier.

2. Summe gesamt:
   $6850 \text{ €} + 5500 \text{ €} + 2150 \text{ €} = 14\,500 \text{ €}$
   a) $100 \% - 15 \% = 85 \%$
   $\frac{14500 \text{ €} \cdot 85 \%}{100 \%} = 12\,325 \text{ €}$
   b) $100 \% + 19 \% = 119 \%$
   $\frac{12325 \text{ €} \cdot 119 \%}{100 \%} = 14\,666,75 \text{ €}$
   14 666,75 € muss Herr Geizig bezahlen.

3. $x = -2; y = -3$

4. $360° : 18 = 20°$. Damit betragen die anderen Winkel jeweils 80° (gleichschenkliges Dreieck).
   $\frac{6}{\sin 80°} = \frac{a}{\sin 20°}$
   $a = \frac{6 \cdot \sin 20°}{\sin 80°} \approx 2,08 \text{ cm}$
   $u = 18 \cdot 2,08 \text{ cm} = 37,44 \text{ cm}$
   Der Umfang des 18-Ecks ist 37,44 cm lang.

5.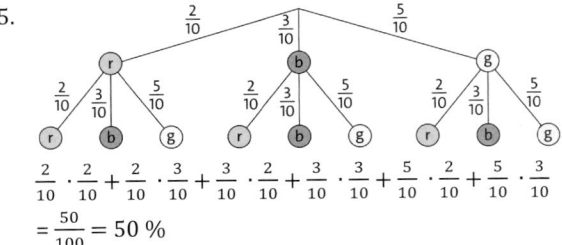
   $\frac{2}{10} \cdot \frac{2}{10} + \frac{2}{10} \cdot \frac{3}{10} + \frac{3}{10} \cdot \frac{2}{10} + \frac{3}{10} \cdot \frac{3}{10} + \frac{3}{10} \cdot \frac{5}{10} + \frac{5}{10} \cdot \frac{2}{10} + \frac{5}{10} \cdot \frac{3}{10}$
   $= \frac{50}{100} = 50 \%$

6. a) $y = 0,10x + 5$
   b)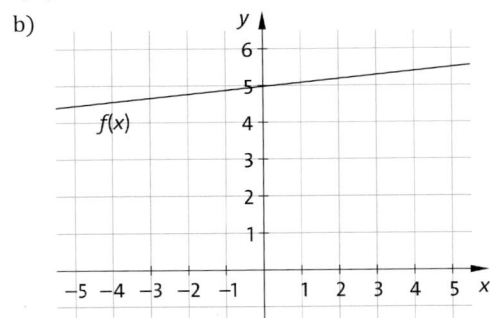
   c) $y = 0,10 \text{ €} \cdot 120 + 5 \text{ €} = 17 \text{ €}$
   $y = 0,10 \text{ €} \cdot 480 + 5 \text{ €} = 53 \text{ €}$
   $y = 0,10 \text{ €} \cdot 1180 + 5 \text{ €} = 123 \text{ €}$

7. a) Minimum: 15 €; Maximum: 54 €
   Mittelwert:
   $\frac{(15+27+39+45+19+31+54+22+30+49)\text{€}}{10} = 33,10 \text{ €}$
   b)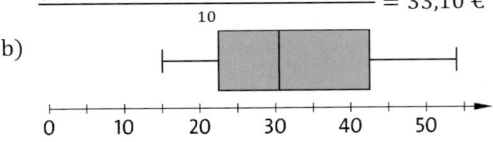

8. $x_{1/2} = -\frac{2}{2} \pm \sqrt{\left(\frac{2}{2}\right)^2 - 0,725} = -1 \pm 0,52$
   $x_1 = -0,48$ und $x_2 = -1,52$

Seite 54

Prüfungsteil 3: Wahlaufgabe 1

Pizza

1. Die Wahrscheinlichkeit beträgt $\frac{1}{6}$ (ca. 16,7 %).
2. $P(\text{Ereignis}) = \frac{1}{6} \cdot \frac{1}{6} = \frac{1}{36} \approx 2{,}8\%$
3. Die Aussage von Frau Wagner ist falsch. Lässt man das Feld „erneut drehen" weg, bleiben fünf Felder gleicher Größe (und somit gleicher Wahrscheinlichkeit) von denen zwei mit „normaler Preis" beschrieben sind. Die Wahrscheinlichkeit den normalen Preis zu zahlen, liegt also bei $\frac{2}{5}$ bzw. 40 %.
4. $A = \pi r^2$ also $A = \pi \cdot (12\text{ cm})^2 = 452{,}39\text{ cm}^2$
   $\approx 452\text{ cm}^2$

Seite 55

Prüfungsteil 3: Wahlaufgabe 2

Mensa

1.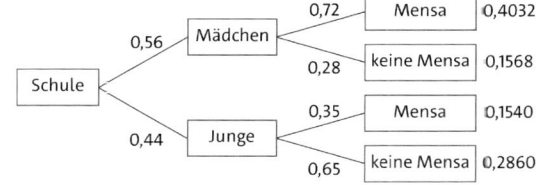

2. a) $P(\text{Mädchen Mensa}) = 40{,}32\%$
   b) $P(\text{Junge}) = 44\%$
   c) $P(\text{Mensakind}) = 40{,}32\% + 15{,}40\%$
      $= 55{,}72\%$
3. a) $P(\text{Junge Mensa}) = 15{,}4\%$
      $1250 \cdot 0{,}154 = 192{,}5 \approx 193$
   b) $P(\text{Mädchen}) = 56\%$
      $1250 \cdot 0{,}56 = 700$
   c) $P(\text{nicht Mensa}) = 15{,}68\% + 28{,}60\%$
      $= 44{,}28\%$
      $1250 \cdot 0{,}4428 = 553{,}5 \approx 554$

4.

	Junge	Mädchen	gesamt
Mensa	34,31 %	**28,09 %**	**62,4 %**
keine Mensa	**12,69 %**	24,91 %	37,6 %
gesamt	47 %	**53 %**	100 %

Zweites Prüfungsbeispiel

Seite 56

Prüfungsteil 1: Allgemeiner Teil

1. a) 1107,1
   b) 21,5
   c) $\frac{2}{3}$
   d) $1\frac{4}{5}$
2. a) >
   b) =
   c) >
   d) =
3. Nach Erweitern auf den Nenner 24 z. B.:
   $\frac{17}{24}; \frac{18}{24}; \frac{19}{24}$
4. Antwort B: 72,8 %
5. Die übrigen zwei Arbeiter sind nach 30 Stunden mit der Reinigung des Geländes fertig.
6. a) $a = 3\text{ dm}$
   b) Zum Beispiel:
   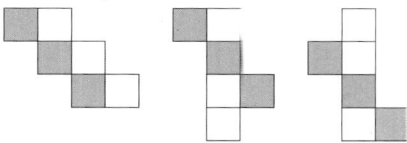
7. Antwort D: 105°, da $360° - 150° = 210°$
   $210° : 2 = 105°$
8. a) $A = 6\text{ cm} \cdot 4\text{ cm} - 2 \cdot \frac{1\text{ cm} \cdot 1\text{ cm}}{2} = 23\text{ cm}^2$
   b) ... wird der Flächeninhalt viermal so groß.
9. $x = -6$
10. Das Flugzeug landet um 9.20 Uhr in Berlin.
11. für $q = 2$:
    $\frac{(2^2+2) \cdot 3 \cdot 2}{2^2-2} = 18$
    für $q = -1$:
    $\frac{((-1)^2+(-1)) \cdot 3 \cdot (-1)}{(-1)^2-(-1)} = \frac{0}{2} = 0$
12. $A(2 \mid 8{,}5)$
    $8{,}5 = 3 \cdot 2 + 2{,}5$
    $8{,}5 = 8{,}5$
    Der Punkt A liegt auf der Geraden $y = 3x + 2{,}5$.
    $B(-3 \mid 6{,}5)$
    $6{,}5 = 3 \cdot (-3) + 2{,}5$
    $6{,}5 = -6{,}5$
    Der Punkt B liegt nicht auf der Geraden
    $y = 3x + 2{,}5$.

Seite 57

Prüfungsteile 2: Pflichtteil

1. $100\% - 15\% = 85\%$
   Angebot 1: $\frac{399\ € \cdot 85\%}{100\%} = 339{,}15\ €$

   $350{,}95\ € - 339{,}15\ € = 11{,}80\ €$
   Der neue Preis im Prospekt ist um 11,80 € zu hoch.

   Angebot 2: $\frac{629\ € \cdot 85\%}{100\%} = 534{,}65\ €$

   $598\ € - 534{,}65\ € = 63{,}35\ €$
   Der neue Preis im Prospekt ist um 63,35 € zu hoch.

2. a) $10^2 = 6^2 + 8^2 \Rightarrow 100 = 100$
Das Dreieck ist rechtwinklig. Da der rechte Winkel der Hypotenuse gegenüber liegt, muss es Winkel Alpha sein.

 b) $25^2 = 24^2 + 7^2 \Rightarrow 625 = 625$
Das Dreieck ist rechtwinklig. Da der rechte Winkel der Hypotenuse gegenüber liegt, muss es Winkel Gamma sein.

 c) $13^2 = 12^2 + 7^2 \Rightarrow 169 \neq 193$
Das Dreieck ist nicht rechtwinklig.

3. a)

x-Werte	-3	-2	-1	0	1	2	3
$y = 2x - 2$	-8	-6	-4	-2	0	2	4

 b) Schnittpunkte mit der x-Achse:
$0 = 2 \cdot x - 2 \Rightarrow x = 1$
$N_x(1 \mid 0)$
Schnittpunkte mit der y-Achse:
$y = 2 \cdot 0 - 2 \Rightarrow y = -2$
$N_y(0 \mid -2)$

4. $A_{\text{Rest}} = 5 \text{ cm} \cdot 7 \text{ cm} - 35 \cdot (0,5^2 \text{ cm}^2 \cdot \pi) \approx 7,51 \text{ cm}^2$
$= 0,0751 \text{ dm}^2$ Restfläche
$\frac{7,51 \text{ cm}^2 \cdot 100\,\%}{35 \text{ cm}^2} = 21,46\,\%$ Restfläche

5. a) $S\left(-\frac{-4}{2} \mid -\left(-\frac{-4}{2}\right)^2 + (-6)\right) \Rightarrow S(2 \mid -10)$

 b) $A(-2 \mid -14)$
$y = (-2)^2 - 4 \cdot (-2) - 6 = 6 \neq -14$
Der Punkt A liegt nicht auf der Parabel.
$B(3 \mid -9)$
$y = 3^2 - 4 \cdot 3 - 6 = -9$
Der Punkt B liegt auf der Parabel.
$C(-8 \mid 90)$
$y = (-8)^2 - 4 \cdot (-8) - 6 = 90$
Der Punkt C liegt auf der Parabel.

6. a) $V_{\text{Vase}} = 12 \text{ cm} \cdot 6 \text{ cm} \cdot 8 \text{ cm} + (4 \text{ cm})^2 \cdot \pi \cdot 5 \text{ cm}$
$\approx 827,33 \text{ cm}^3 = 0,83$ Liter
$V_{\text{Vase(voll)}} = 12 \text{ cm} \cdot 6 \text{ cm} \cdot 8 \text{ cm} + (4 \text{ cm})^2 \cdot \pi \cdot 10 \text{ cm} \approx 1078,65 \text{ cm}^3$
$\frac{827,33 \; cm^3 \cdot 100\,\%}{1078,65 \; cm^3} = 76,70\,\%$
Die Vase ist zu 76,7 % mit Wasser gefüllt.

 b) $m = 1078,65 \text{ cm}^3 \cdot 2,57\frac{\text{g}}{\text{cm}^3}$
$= 2772,13 \text{ g} \approx 2,77 \text{ kg}$
Die Vase wiegt im leeren Zustand 2,77 kg.

7. a) $\frac{9}{10} \cdot \frac{9}{10} \cdot \frac{9}{10} = \frac{729}{1000} = 72,9\,\%$
Zu 72,9 % kommt Dana zu spät.

 c) $\frac{1}{10} \cdot \frac{1}{10} \cdot \frac{1}{10} = \frac{1}{1000} = 0,1\,\%$
Zu 0,1 % kommt Dana pünktlich.

8. $\frac{8,2 \text{ km}}{\sin \beta} = \frac{9,8 \text{ km}}{\sin 77°}$
$\sin \beta = \frac{8,2 \text{ km} \cdot \sin 77°}{9,8 \text{ km}} \approx 0,8153 \Rightarrow \beta \approx 54,62°$
$180° - 77° - 54,62° = 48,38°$
$\frac{a}{\sin 48,38°} = \frac{9,8 \; km}{\sin 77°}$
$a = \frac{9,8 \text{ km} \cdot \sin 48,38°}{\sin 77°} \approx 7,52 \text{ km}$ (Brücke zwischen Hilsen und Budens)
$8,2 \text{ km} + 9,8 \text{ km} = 18 \text{ km}$
$18 \text{ km} - 7,52 \text{ km} = 10,48 \text{ km}$
Tim spart für eine Strecke 10,48 km ein.

Seite 58

Prüfungsteil 3: Wahlaufgabe 1
Algenbildung

1. $d = 1,5 \text{ km} \Rightarrow r = 0,750 \text{ km} = 750 \text{ m}$
$A = \pi r^2 \Rightarrow A = 1,767 \text{ [km}^2\text{]}$

2. a) Der Graph schneidet die y-Achse bei $y = 100$, das ist der Anfangsbestand.
Der Graph zeigt eine Exponentialfunktion, das Wachstum der Algen nimmt um das 1,2-fache zu, d. h. exponentiell.

 b) Ablesen vom Graphen:
bei $x = 4$ ist $y \approx 200$
bei $x = 12$ ist $y \approx 900$
Nach vier Monaten sind etwa 200 m² und nach einem Jahr ca. 900 m² befallen.

 c) Ablesen vom Graphen:
bei $y = 600$ ist $x \approx 9,8$
Am Ende des neunten Monats ist die befallene Fläche ca. 600 m² groß.

Seite 59

Prüfungsteil 3: Wahlaufgabe 2
Schwimmbecken

1. a) $\frac{a+b}{a} = \frac{a}{b}$ mit $a = 8$
$\frac{8+b}{8} = \frac{8}{b} \quad | \cdot 8$
$\Leftrightarrow 8 + b = \frac{64}{b} \qquad | \cdot b$
$\Leftrightarrow b \cdot (8 + b) = 64 \quad | - 64$
$\Leftrightarrow b^2 + 8b - 64 = 0$

 b) $b^2 + 8b - 64 = 0$
$p = 8$ und $q = -64$
$\Leftrightarrow x_{1/2} - \frac{8}{2} \pm \sqrt{\left(\frac{8}{2}\right)^2 - (-64)}$
$\Leftrightarrow x_1 = 4,94$ und $x_2 = -12,94$

 c) Es gibt zwei mögliche Lösungen, da die Seite a die längere oder die kürzere Seite im Rechteck sein kann.

2. a) $V = a \cdot b \cdot c$
$\Rightarrow V = 8,5 \cdot 5,5 \cdot 2,25 = 105,19$

 b) Zeit $105,19 : 18 = 5,84$
Kosten $5,84 \cdot 55 = 321,2$

 c) Gesamtgewicht
$105,19 \cdot 830 = 87\,307,7 \text{ [kg]} = 87,31 \text{ [t]}$
Anzahl der Fahrten: $87,31 : 12 = 7,27$
Er muss 8-mal fahren.

3. a) Oberfläche (ohne Oberseite)
$A_0 = 1 \cdot 8 \cdot 5 + 2 \cdot 8 \cdot 2 + 2 \cdot 5 \cdot 2 = 92 \text{ [m}^2\text{]}$

 b $20 \text{ cm} = 0,2 \text{ m}$ und $15 \text{ cm} = 0,15 \text{ m}$
Fliesenfläche: $A = 0,2 \cdot 0,15 = 0,03 \text{ [m}^2\text{]}$
Fliesenanzahl: $X = 92 : 0,03 = 3066,67 \text{ [Stück]}$
zuzüglich Verschnitt: $X \cdot 1,08 = 3312 \text{ [Stück]}$